高等职业教育测绘地理信息类"十三五"规划教材

三维GIS建模技术

刘剑锋　主编　　张喜旺　副主编

武汉大学出版社

图书在版编目(CIP)数据

三维 GIS 建模技术/刘剑锋主编 . —武汉:武汉大学出版社,2018.8
高等职业教育测绘地理信息类"十三五"规划教材
ISBN 978-7-307-20455-3

Ⅰ.三… Ⅱ.刘… Ⅲ.互联网络—地理信息系统—高等职业教育
—教材 Ⅳ.P208

中国版本图书馆 CIP 数据核字(2018)第 183259 号

责任编辑:鲍 玲 责任校对:李孟潇 整体设计:汪冰滢

出版发行:**武汉大学出版社** (430072 武昌 珞珈山)
(电子邮件:cbs22@whu.edu.cn 网址:www.wdp.com.cn)
印刷:武汉中科兴业印务有限公司
开本:787×1092 1/16 印张:19.25 字数:465 千字 插页:1
版次:2018 年 8 月第 1 版 2018 年 8 月第 1 次印刷
ISBN 978-7-307-20455-3 定价:39.00 元

前　言

　　测绘地理信息产业作为国家战略性新兴产业，在经济社会发展中的战略地位和优势作用日益彰显，随着计算机技术和现代测绘技术的迅猛发展，计算机虚拟现实、仿真技术和地理信息系统紧密结合，三维地理信息建模技术以其鲜明的技术特点和应用前景，在城市建设、规划管理、区域开发、道路交通等领域发挥着巨大作用。

　　本书按照国家对测绘地理信息技术专业人才培养目标定位和市场对 GIS 三维建模知识及实践技能的要求，以培养测绘地理信息专业高技能人才为目标，着重突出职业教育的技能培养特色。本书将新技术、新方法融合于教材内容，全面系统地阐述了三维 GIS 建模技术理论基础和技术要求，内容包括基于 3ds Max 的三维模型创建，三维模型效果制作，基于地图的 CAD 交互式三维建模，三维 GIS 建模平台三维建模及三维激光扫描技术三维建模等目前主流的先进建模技术及具体建模方法；书中配有精心设计的实例、职业能力训练和思考练习，通过任务引领、项目驱动，案例演示，"教、学、练、做"一体，帮助学生迅速掌握理论知识，提高三维地理信息建模的能力。

　　本书以测绘地理信息技术专业国家级教学资源库中核心课程为基础，配有丰富的配套教学资源和学习资源，资源中包含全书内容的 PPT 演示文稿、书中所讲范例的源文件，三维模型创建的案例文件，三维模型效果制作中的贴图文件及后期所需的素材文件、案例库、习题库等，读者在使用中可以随时调用。

　　本书由黄河水利职业技术学院刘剑锋任主编，河南大学张喜旺任副主编。全书共分为6 个项目，具体编写分工是：项目二、项目四(任务 4-1、任务 4-2 和任务 4-3)和项目六由黄河水利职业技术学院刘剑锋编写；项目一、项目三和项目四(任务 4-4)由河南大学张喜旺编写；项目五由黄河水利职业技术学院赵雨琪编写。全书由刘剑锋统一修改定稿。在本书编写过程中，广州中海达卫星导航技术股份有限公司、上海华测导航技术有限公司、广州南方测绘科技股份有限公司等对本书成稿做了大量工作，多位同行对本书提出了宝贵建议，在此表示由衷的感谢。

　　由于作者水平、经验和时间等原因，书中仍有不足之处，敬请专家和广大读者批评指正！

编者

2018 年 6 月

目　　录

项目一 三维 GIS 建模基础

【项目概述】

　　传统的 GIS 在国内经过近 40 年的发展，理论和技术日趋成熟，而在二维 GIS 平面信息的使用已不能满足日益增长的应用需求的情况下。三维 GIS 应运而生。三维 GIS 不仅突破了空间信息在二维平面中单调展示的束缚，为信息判读和空间分析提供了更好的途径，也为城市规划、综合应急、虚拟旅游、智能交通、环保监测、地下管线等领域各行业提供了更直观的辅助决策支持，三维 GIS 已日益成为 GIS 发展的重要方向之一。本项目主要介绍三维 GIS 的含义、特点、作用，以及三维 GIS 建模方法，三维 GIS 建模产品要求，最后对 3ds Max 三维建模平台进行了介绍。

【学习目标】

　　1. 掌握三维 GIS 建模含义及特点；

　　2. 掌握三维 GIS 建模的作用；

　　3. 熟悉常用三维 GIS 建模平台；

　　4. 掌握三维 GIS 建模产品要求；

　　5. 熟悉 3ds Max 三维建模平台；

　　6. 能在 3ds Max 三维建模平台进行基本操作。

任务 1-1　三维 GIS 建模简介

一、三维 GIS 建模含义

(一)三维 GIS 概述

　　20 世纪 60 年代初，被誉为 GIS 之父的加拿大人 Roger 开发了世界上第一个 GIS 软件。在随后的 20 多年里，GIS 一直是以二维的方式展现空间数据，在二维平面的基础上模拟并处理现实世界中遇到的现象和问题。二维 GIS 本质上是基于抽象符号的系统，不能给人以自然界的真实感受，很难精确地反映、分析或显示有关三维信息。随着 GIS 理论和技术、计算机技术、计算机图形学、虚拟现实技术、软件工程的理论和方法的不断发展，20世纪 90 年代初，三维 GIS 应运而生，并逐渐成为 GIS 研究的主流方向。

　　三维地理信息系统(简称三维 GIS 或 3DGIS)是指利用 3S 技术(GIS、GPS、RS)，虚拟现实技术(VR)，计算机技术等对地球空间信息进行编码、存储、转换、分析和显示的信息系统，是三维描述、可视化和分析管理的地理信息系统。

与二维 GIS 相比，三维 GIS 不仅能表达空间对象间的平面关系和垂向关系，而且能对其进行三维空间分析和操作，向用户立体展现地理空间现象，给人以更真实的感受。三维GIS 突破了空间信息在二维平面中单调展示的束缚，为信息判读和空间分析提供了更好的途径，也为各行业提供了更直观的辅助决策支持。此外，与 CAD 及各种科学计算可视化软件相比，它具有独特的管理复杂空间对象的能力及空间分析的能力。因此，空间信息的社会化应用服务迫切需要三维 GIS 的支持，三维 GIS 已日益成为 GIS 发展的重要方向之一。

(二) 三维地理信息建模

随着全国数字化城市工作的开展，三维可视化建模技术也不断地发展，近年来，随着"智慧城市"的建设在全球各地蓬勃发展，中国各大城市也融入"智慧城市"的建设中，"智慧城市"是以互联网、物联网、通信网、移动网等网络组合为基础，以智慧技术高度集成、智慧产业高端发展、智慧服务高效便民为主要特征的城市发展新模式。三维地理信息建模与可视化在智慧城市建设中发挥着重要作用。

1. 三维地理信息模型

三维地理信息模型(Three-dimensional Model on Geographic Information)是指能可视化反映相关地理要素在立体空间中的位置、几何形态、表面纹理及其属性等信息，包括各种地上主要地理信息的外部及地下空间，不含地上各建(构)筑物地理信息内部，简称三维模型。

2. 三维地理信息建模

三维地理信息建模就是以地理信息二维数据为基础，如以数字地形图及相关资料提供的空间数据(X, Y, H)及属性数据为基础，通过一定的手段获取现实实体的纹理、属性信息，以及数字高程模型数据，在三维建模软件中对所获取的地理信息数据及纹理、属性数据进行加工并建立三维模型，构建虚拟的三维现实世界。

二、三维 GIS 建模功能

三维 GIS 建模能包容一维和二维对象，而且可视化 2.5 维和三维对象，其空间信息的展现更为直观和逼真。

1. 包容一维、二维对象

三维 GIS 不仅要表达三维对象，而且要研究一维、二维对象在三维空间中的表达。三维空间中的一维、二维对象与传统 GIS 的二维空间中的一维、二维对象在表达上是不一样的。传统的二维 GIS 将一维、二维对象垂直投影到二维平面上，存储它们投影结果的几何形态与相互间的位置关系。而三维 GIS 将一维、二维对象置于三维立体空间中考虑，存储的是它们真实的几何位置与空间拓扑关系，这样表达的结果就能区分出一维、二维对象在垂直方向上的变化。二维 GIS 也能通过附加属性信息等方式体现这种变化，但存储、管理的效率就显得较低，输出的结果也不直观。

2. 可视化 2.5 维、三维对象

三维 GIS 的首要特色是要能对 2.5 维、三维对象进行可视化表现。在建立和维护三维 GIS 的各个阶段中，不论是对三维对象的输入、编辑、存储、管理，还是对它们进行空间操作与分析或是输出结果，只要涉及三维对象，就存在三维可视化问题。三维对象的几何建模与可视化表达在三维 GIS 建设的整个过程中都是需要的，这是三维 GIS 的一项基本功能。

3. 三维空间 DBMS 管理

三维 GIS 的核心是三维空间数据库。三维空间数据库对空间对象的存储与管理使得三维 GIS 既不同于 CAD、商用数据库与科学计算可视化，也不同于传统的二维 GIS。它可能由扩展的关系数据库系统也可能由面向对象的空间数据库系统存储管理三维空间对象。

4. 三维空间分析

在二维 GIS 中，空间分析是 GIS 区别于三维 CAD 与科学计算可视化的特有功能，在三维 GIS 中也同样如此。空间分析三维化，也就是直接在三维空间中进行空间操作与分析，连同上文述及的对空间对象进行三维表达与管理，使得三维 GIS 明显不同于二维 GIS，同时在功能上也更加强大。

任务 1-2　三维 GIS 建模方法

一、三维 GIS 建模的方法

根据不同的数据源选择不同的三维模型构建方法，有助于提高三维建模效率和精度。三维 GIS 建模的主要方法有：GIS 数据三维建模、数字摄影测量三维建模、三维激光扫描技术三维建模以及三维建模软件建模方法等。

（一）GIS 数据三维建模

GIS 数据三维建模是使用已有的大比例尺二维数据进行三维建模，即基于二维 GIS 数据的三维建模。该方法将二维 GIS 和数字高程数据（DEM）相结合，首先根据实测的建筑物平面位置坐标和高程数据来确定建筑物的平面位置和高度信息；其次，用 DEM 数据表达承载地表建筑物的地形的起伏，同时构建具有真实地理位置的城市地物三维立体模型，实现基于二维平面数据的三维模型构建。

GIS 数据三维建模方法可以快速构建大范围的简单城市三维模型，经济划算，可以最大限度地利用手头现有的资源，同时对操作人员的技术水平要求不高，节约成本。缺点是这种方法构建的模型仅能表达相对规则的建筑物，难以构建相对复杂的城市建筑体，模型结构修改工作量大，建模精度低。此外，准确的第三方数据和纹理信息的缺乏使得构建的模型真实性不够。

（二）数字摄影测量三维建模

数字摄影测量被广泛认为是当下最适合获取海量、高精度城市三维立体模型数据的有

效方法之一。当需要进行大范围的城市三维景观建模时，可以利用遥感影像的三维建模方法。该方法主要利用立体影像数据和数字摄影测量技术，通过对原始数据进行空三加密得到地物点坐标，建立数字地表模型。最后，结合实际采集的地物纹理数据进行纹理映射，构建逼真的三维模型。图 1-1 为数字摄影测量技术三维建模流程。

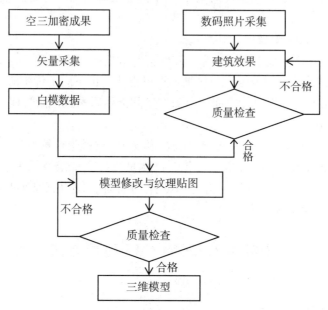

图 1-1 数字摄影测量技术三维建模流程

数字摄影测量技术使得三维模型数据的获取更加经济、快捷，同时利用数字摄影测量技术可获取海量复杂的城市地物几何信息和纹理数据。但是基于遥感影像建立的三维建筑模型不能详细描述建筑物表面的所有细节和特征，难以满足用户近距离观察和室内漫游的需求，因此该方法在城市初次建立三维空间模型时可考虑使用。近年来，随着高分辨率遥感技术和计算机图形图像处理技术的迅速发展，数字摄影测量已成为当前获取大范围高精度三维城市模型数据的主要方法。

(三) 三维激光扫描技术三维建模

三维激光扫描技术三维建模是一种快速完成三维空间数据获取技术，在城市建模中主要适用于生产海量的、精细的城市三维建筑模型。三维激光扫描技术可以轻松地采集各种目标物表面整体点云数据，基于这些点云可以完成三维模型的重建，并且在三维数字模型上可以进行点坐标和尺寸的测量，进行测量精度分析等。其工作步骤可简化为点云数据获取、点云配准、数据处理、三维模型构建以及纹理映射，最后制作出三维立体模型，生产流程如图 1-2 所示。

三维激光扫描技术三维建模方法采用"一采多得"的作业模式，外业工作量少，省时省力，具有数据获取速度快且高效、建模精度高、适用范围广、几乎不受气候条件影响等优点。缺点主要有：对于一些高楼林立、植被茂密的城市区域，纹理影像难免会出现遮挡

图 1-2　基于三维激光扫描技术三维模型生产流程

和阴影，需要大量的数据补拍，生成的模型虽然精度高，但三维模型数据量大，易造成数据冗余。

(四) 三维建模软件的建模方法

采用三维建模软件建立三维模型是一种最原始、用途最广的三维建模方法，如 3ds Max 等。3ds Max 是 Autodesk 公司研发的一种三维造型、渲染、动画制作软件，功能强大，应用范围最广。3ds Max 的原始版本是基于 DOS 操作系统平台的 3DStudio 系列软件。Windows NT 操作系统与 3ds Max 软件的优质组合大大降低了计算机图形制作的门槛，并极大地促进了计算机制图的发展。3ds Max 软件最初主要用于电脑游戏的动画制作，之后用于影视业的特效应用。随后，该软件有了进一步的长足发展。同时，随着 3ds Max 软件与 Autodesk Maya 软件、Autodesk Motion Builder 软件、Autodesk 以及 Revit Architecture 软件的互操作性不断提高，用户可以更好地进行三维模型的构建与完善。

传统意义上的专业三维建模软件往往更加注重于海量数据的处理、影像纠正、坐标转换以及三维建模精度等方面。三维 GIS 建模不仅要求建立模型，还往往要求模型逼真，即最大化地与真实环境协调一致，这就要求对三维模型的精细建模。传统的专业三维建模软件在精细建模方面，特别是在建筑物纹理、地形纹理、单一地物建模、日照模拟、真实环境模拟等方面与 3ds Max 这样的软件是无法比拟的。3ds Max 软件可以完成三维模型建模和局部细节结构的精细改造，满足三维 GIS 建模要求。利用其丰富的模型制作工具和材质编辑器，制成直观、逼真、效果好的三维立体模型。3ds Max 的建模工具、方法较多，一般来说有基础建模、高级建模和材质建模等。用户可以根据建模需要来采取适合的建模方法，而对于较复杂的模型，则需要综合运用这几种建模方法来完成模型的构建。

3ds Max 主要具有以下优点：

①功能强大：广泛应用于建筑、广告设计、影视制作、工业设计、游戏开发、辅助教学(Computer Aided Education)以及工程可视化等各个行业。

②操作简单：3ds Max 的模型制作简单，初学者可以很快上手并熟练操作。

③配置要求低：基于 PC 系统。

④扩展性好：利用其丰富的 MAXScript 和 Python 插件可以扩展很多功能，与其他软件配合使用，可以完成模型的人机交互下的半自动化建模和纹理贴图。

⑤效果逼真：利用其丰富的模型制作工具和材质编辑器，可以制成直观、逼真、效果好的三维立体模型。另外，对于复杂的建筑物局部细节结构，3ds Max 可以构建多样化的复杂模型。

二、三维 GIS 建模平台

20 世纪 80 年代末以来，空间信息三维可视化技术成为业界研究的热点并以惊人的速度迅速发展起来，首先是美国推出 Google Earth、Skyline、World Wind、Virtual Earth、ArcGIS Explorer、Esri City Engine，顶级游戏引擎、VR 支持打造顶尖 3D 视觉盛宴，我国也紧随其后推出了 EV-Globe、GeoGlobe、VRMap、IMAGIS 等软件，与国外软件竞争本土市场。三维 GIS 得到了各行业用户的认同，在城市规划、综合应急、军事仿真、虚拟旅游、智能交通、海洋资源管理、石油设施管理、无线通信基站选址、环保监测、地下管线等领域备受青睐。目前，我国国产三维 GIS 软件已占据了国内市场的半壁江山。

以下介绍国内外主流的三维 GIS 软件，并对其基本特点、发展历程、应用等方面总结概述。

(一)国外主流的三维 GIS 软件

1. Google Earth

Google Earth 以三维地球的形式把大量卫星图片、航拍照片和模拟三维图像组织在一起，使用户从不同角度浏览地球。Google Earth 的数据来源于商业遥感卫星影像和航片，包括 DigitalGlobe 公司的 QuickBird，IKOONOS 及法国的 SPOTS。谷歌公司(Google)于 2004 年 10 月收购了 Keyhole 公司，随之次年 6 月推出了 Google Earth 系列软件。Google Earth 客户端软件提供个人免费版、Plus 版、Pro 版以及企业级解决方案，用于在企业内部部署 Google Earth 应用。图 1-3 为 Google Earth 软件界面。

Google Earth 凭借其强大的技术实力和经验，以其操作简单、用户体验超群的优势吸引了全球近十分之一的人口使用。但它是一款独立的软件，侧重于应用，API 开放程度低，几乎不能二次开发。

图 1-3　Google Earth 软件界面

2. World Wind

World Wind 是美国国家航空和航天管理局(NASA)发布的一个开放源代码的地理科普软件,由 NASA Research 开发,NASA Learning Technologies 发展,它是一个可视化地球仪,将 NASA、USGS 以及其他 WMS 服务商提供的图像通过一个三维的地球模型展现,还包含了火星和月球的展现。软件是用 C#编写的,另外还调用微软 SQL Server 影像库的 Terrain Server 进行全球地形三维显示,通过将遥感影像与 SRTM 高程(航天飞机雷达拓扑测绘)进行叠加生成三维地形。World Wind 可以利用 Landsat 7、SRTM、MODIS、GLOBE、Landmark Set 等多颗卫星的数据,将 Landsat 卫星的图像和航天飞机雷达遥感数据结合在一起,让用户体验到三维地球遨游的感觉。图 1-4 为 World Wind 软件界面。

World Wind 最大的特性是卫星数据的自动更新能力。这种能力使得 World Wind 能够在世界范围内跟踪近期事件、天气变化、火灾等情况。World Wind 是个完全免费的软件,在使用上没有任何限制,主要面向科学家、研究工作者和学生群体。另外,World Wind 是完全开放的,用户可以修改 World Wind 软件本身。

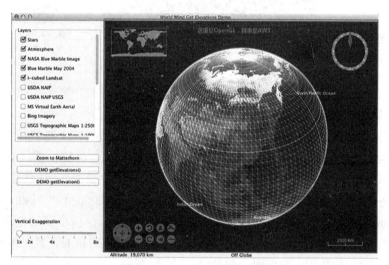

图 1-4 World Wind 软件界面

3. Skyline

Skyline 软件是美国 Skyline 公司推出的利用航空影像、卫星数据、数字高程模型和其他的 2D 或 3D 信息源,包括 GIS 数据集层等创建的一个交互式高分辨率的三维虚拟地球场景。Skyline 是独立于硬件之外、多平台、多功能的一套软件系统。Skyline 具有强大的空间信息展示功能,支持交互式绘图工具,提供三维测量及地形分析工具,提供数据库接口支持如 Oracle,ArcSDE,拥有强大的数据处理能力。它能够允许用户快速地融合数据、更新数据库,并且有效地支持大型数据库和实时信息流通信技术,此系统还能够快速和实时地展现给用户 3D 地理空间影像。图 1-5 为 Skyline 软件界面。

Skyline Globe Enterprise Solution 是美国 Skyline 公司为网络运营三维地理信息提供的企业级解决方案。它包括了 Skyline 整套软件工具,向客户提供一站式服务,同时开放所有的 API,不论是在网络环境中还是单机应用,用户能够根据自己的需求定制功能,建立个性化的三维地理信息系统。产品形式有 TerraExplorer、TerraExplorer Pro、TerraBuilder、TerraGate。

图 1-5　Skyline 软件界面

4. ArcGIS Explorer

ArcGIS Explorer 是美国环境系统研究所公司(ESRI)推出的一个免费的虚拟地球浏览器，提供自由、快速的 2D 和 3D 地理信息浏览，充满趣味性且简捷易用。ArcGIS Explorer 通过继承 ArcGIS Server 完整的 GIS 性能(包括空间处理和 3D 服务)，达到整合丰富的 GIS 数据集和服务器空间处理应用的目的。ArcGIS Explorer 是 2006 年 8 月推出的。新版的 ArcGIS Explorer 可以使用 ArcGIS Online 发布的内容和功能，包括全套的地理底图数据和图层数据以及一些帮助用户初步构建三维地球或者二维地图的核心工具。ArcGIS Explorer 也支持各种各样的通用 GIS 数据源，包括 ArcGIS 地图服务和数字地球服务，图层文件、图层包、栅格文件、shapefile 文件、geodatabase 等。另外，用户还能导入 GPS 数据或者连接到 GeoRSS 来订阅数据源。照片、报表和链接以及其他数据也能被嵌入地图，并通过 ArcGIS Explorer 新的地图演示模式来显示。图 1-6 为 ArcGIS Explorer 软件界面。

ArcGIS Explorer 具有和 Google Earth 相似的功能，支持来自 ArcGIS Server、GML、WMS、Google Earth(KML)的数据。ArcGIS Explorer 目前已有 6 种语言版本，分别是英语、简体中文、法语、德语、日语和西班牙语。该软件可以在 ESRI 官方网站上免费下载。

5. Esri City Engine

CityEngine 是美国环境系统研究所公司(ESRI)推出的应用于城市三维建模的软件，可以利用二维数据快速创建三维场景，并能高效地进行规划设计。它实现了同 ArcGIS 的完美结合，能够充分利用现有的 GIS 建设成果，在二维空间数据的基础上，通过规则进行动态的、参数化的建模，这种方法也特别适用于大规模的城市尺度上的三维建模。目前主要应用于"数字城市"、城市规划、轨道交通、电力、管线、建筑、国防、仿真、游戏开发

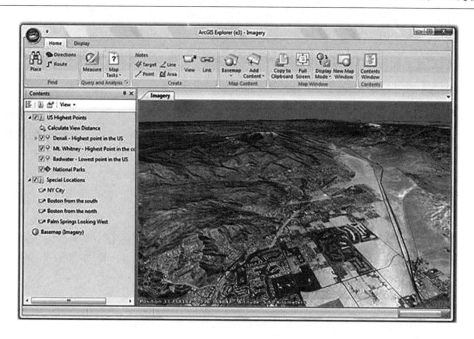

图 1-6　ArcGIS Explorer 软件界面

和电影制作等领域。图 1-7 为 CityEngine 软件界面。

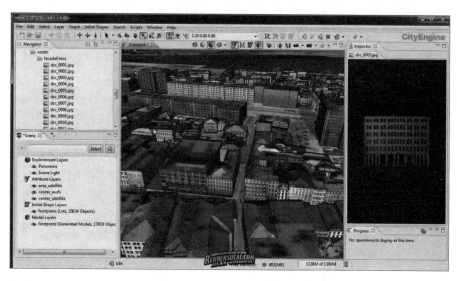

图 1-7　CityEngine 软件界面

CityEngine 最初是由瑞士苏黎世理工学院帕斯卡尔·米勒(Pascal Mueller)设计研发的。2008 年 7 月，第一个商业版本的 CityEngine 2008 发布；2011 年 7 月，ESRI 公司宣布收购瑞士 Procedural 公司，产品正式更名为 Esri CityEngine。Esri CityEngine 提升了 ArcGIS 的三维建模能力，使很多已有的基础 GIS 数据不需转换即可迅速实现三维建模，为 ArcGIS 三维数据的获取提供了保障，减少了系统再投资的成本，也缩短了三维 GIS 系统的建设周期，使得 ArcGIS 三维解决方案更加完善。

(二)国内主流的三维 GIS 软件

1. EV-Globe

EV-Globe 软件具有大范围的、海量的、多源的数据一体化管理和快速三维实时漫游功能，支持三维空间查询、分析和运算，可与常规 GIS 软件集成，可方便快速地构建三维空间信息服务系统，也可快速在二维 GIS 系统完成向三维的扩展。EV-Globe 提供距离测量、线段剖面、折线剖面、区域淹没、通视分析等三维 GIS 特色的空间分析功能。在 EV-Globe 中可以看到烟雾、尘暴、火焰以及下雨、下雪等特殊效果。图 1-8 为 EV-Globe 软件界面。

EV-Globe 基于组件式开发，所有功能以控件或类的方式封装在 dll 中，方便用户进行各种功能定制，甚至将 EV-Globe 嵌入各类信息系统中。EV-Globe 具备在普通 PC 机上就能实现海量三维模型和影像流畅地进行各项漫游操作的功能。此外，在 EV-Globe 服务器端，用户可根据需要绑定常规 GIS 平台如 SuperMap，ArcGIS 等。

EV-Globe 由北京国遥新天地信息技术有限公司研发，产品形式有 EV-Globe SDK(开发包)、EV-Globe Pro(数据浏览工具)、EV-Globe Creater(数据制作工具)、EV-Globe Datasets(影像数据集)。

图 1-8　EV-Globe 软件界面

2. GeoGlobe

GeoGlobe 是武汉大学李德仁和龚建雅等教授花了近 10 年时间打造，由武汉大学测绘遥感信息工程国家重点实验室研发的网络环境下全球海量无缝空间数据组织、管理与可视化软件。GeoGlobe 提供了一系列三维可视化及应用的功能：可视化导航与操作、可视化查询与三维分析、兴趣点标注及定位等。软件还提供了二次开发功能，用户可以根据应用的需要自行设计界面，调用所提供的动态库进行二次开发。图 1-9 为 GeoGlobe 软件界面。

GeoGlobe 具有和 World Wind 相似的功能，另外还加入了实时三维量测等功能，能同时处理多种来源的数据，包括三维地形图、航拍影像图、三维模型、矢量数据，这些功能是 Google Earth 所没有的。GeoGlobe 于 2006 年 4 月推出，GeoGlobe2.0 提供了海量 4D 数据（DEM、DOM、DLG、DRG），地名数据，三维模型数据的完整解决方案。产品形式有 GeoGlobe Server、GeoGlobe Builder、GeoGlobe Viewer。

图 1-9　GeoGlobe 软件界面

3. IMAGIS

IMAGIS 是适普软件有限公司自主开发的三维可视化地理信息系统实用套件。IMAGIS 高度集成了计算机视角技术、数字摄影测量技术、图形图像处理技术和应用数据库技术，是目前国内外唯一可以为用户提供包括：三维空间真实场景重建与虚拟建模实用工具、基于三维真实场景的可视化 GIS 平台和海量影像数据显示管理系统的三维可视化地理信息系统整体解决方案。图 1-10 为 IMAGIS 软件界面。

IMAGIS 软件的突出特点包括具有真实表面纹理的三维空间场景的快速重建与虚拟建模的完美无缝结合，基于真实三维场景的各种空间分析和属性管理功能，与数据量无关的海量影像数据显示管理功能等。它所具有的 ODBC 数据库接口和开放式的数据库结构能使其真正实现海量数据管理、分析、显示和漫游等功能，并实现了与国际著名二维 GIS 软件 ArcInfo、MapInfo 功能的无缝链接。

IMAGIS 是一个功能强大、适用范围广泛、面向企业级的 3D 地理信息系统实用平台，既可用于二次应用 GIS 系统的开发，又是最终用户的实用 GIS 产品。它由 IMAGIS Classic、

IMAGIS MagiXity 和 IMAGIS 3DBrowser 三个独立的软件平台构成。

图 1-10　IMAGIS 软件界面

4. VRMap

VRMap 是北京灵图软件技术有限公司推出的一款三维地理信息系统平台软件,可以在三维地理信息系统与虚拟现实领域提供从底层引擎到专业应用的全面解决方案,实现了 VR 和 GIS 技术的完美结合,可以根据卫星影像、航空影像、电子地图、高程数据、城市模型数据、虚拟效果数据生成虚拟地理场景;VRMap 能够为政府部门、企业、专业领域用户提供性能更优、持有与维护成本更低、扩展性更好的三维地理信息和虚拟现实应用解决方案。图 1-11 为 VRMap 软件界面。

VRMap 采用 J2EE 体系架构,快速、灵活地构建了基于 Web 的三维业务应用系统;同时 VRMap 提供城市级别的基于网络的海量精细场景,可快速建立三维应用。VRMap 为满足各行业不同类型的用户需要,提供了一系列软件产品,包括 VRMap 标准版(VRMap Standard)、VRMap 专业版(VRMap Professional)、VRMap 企业版(VRMap Enterprise)。

5. MapGIS IGSS 3D

MapGIS-TDE 三维处理平台是中地数码集团有限公司在 MapGIS 7.0 中推出的一套支持真三维数据处理及 3DGIS 应用项目二次开发平台。该软件采用三维空间数据模型、构模算法、三维可视化技术及框架加插件的软件体系结构,具备集成管理地上、地表、地下的三维空间模型的能力,可以管理从 2.5 维到三维、从矢量到栅格等多种三维空间数据模型,并提供多种模型建立、管理及显示的工具及接口。图 1-12 为 MapGIS IGSS 3D 应用界面。

MapGIS-TDE 在提供一般三维空间数据模型及其管理功能的基础上,平台允许针对特定应用领域动态扩展建模及其分析功能插件,以适应特定的三维应用。

MapGIS IGSS 3D 精准贴合各行业空间信息化的市场需求,以强大的三维 GIS 技术,为气象、国土资源、城市建设、地质调查、环境监测、矿产勘查、公共安全、水利等领域

图 1-11　VRMap 软件界面

提供智慧的三维 GIS 解决方案，切实帮助用户解决空中、地上、地表及地下的实际应用问题，决策更加精准，体验更加真实。

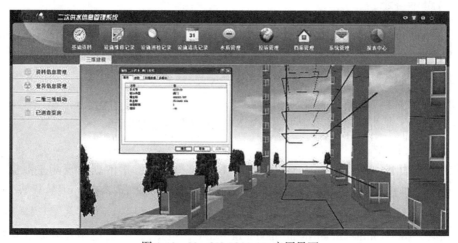

图 1-12　MapGIS IGSS 3D 应用界面

任务 1-3　三维 GIS 建模产品要求

一、三维 GIS 建模行业标准

随着地理信息产业的迅速发展，三维地理信息模型（简称三维模型）在"数字城市"建设、城市规划、建设、运营及管理等方面的应用快速增长，对三维地理信息模型数据的需求越来越强烈。2012 年，原国家测绘地理信息局批准发布了"数字城市"、三维模型、质量检验等方面的测绘地理信息行业标准，这批行业标准基本解决了"数字城市"建设、三维模型数据生产、测绘地理信息成果质量检验等方面所存在的技术标准缺失问题，满足了重大测绘地理信息工程项目建设、测绘地理信息成果质量检验以及新技术推广应用对标准的迫切需求，常用的三维 GIS 建模行业标准包括：

①《三维地理信息模型数据产品规范》(CH/T 9015—2012)；

②《三维地理信息模型生产规范》(CH/T 9016—2012)；

③《三维地理信息模型数据库规范》(CH/T 9017—2012)；

④《三维地理信息模型数据产品质量检查与验收》(CH/T 9024—2014)。

二、三维模型分类

(一)基本组件

三维模型包括两个基本组件：一是地球表面地形起伏立体表现的几何框架及框架表面的贴图影像；二是地球表面地理要素立体表现的几何框架及其表面的贴图影像，其属性类别参照《基础地理信息要素数据字典》(GB/T 20258.4—2007)的规定确定。

(二)模型分类

根据组件的类型，并参照《基础地理信息分类与代码》(GB/T 13923—2016)，细分为地形模型、建筑要素模型、交通要素模型、水系要素模型、植被要素模型、场地模型、管线及地下空间设施要素模型以及其他要素模型八大类。

1. 地形模型

地形模型(terrain model)指用于表示地面起伏形态的三维模型。

2. 建筑要素模型

建筑要素模型(three-dimensional model of building feature)指依据建筑测量数据或设计资料制作的三维模型，主要表达建(构)筑物的空间位置、几何形态及外观效果等。

3. 交通要素模型

交通要素模型(three-dimensional model of traffic feature)指依据道路及其附属设施测量数据或设计资料制作的三维模型，主要表达道路、桥梁、地面上轨道交通及道路附属设施的空间位置、几何形态及外观效果等。

4. 水系要素模型

水系要素模型(three-dimensional model of hydrological feature)指依据水系测量数据或水文资料制作的三维模型，主要表达江、河、湖、海、渠道、池塘及其附属地物的空间位置、几何形态及外观效果等。

5. 植被要素模型

植被要素模型(three-dimensional model of vegetation feature)指依据植被的测量数据或

模型演化数据制作的三维模型，主要表达人工绿地、花圃花坛、带状绿化树等的空间位置、几何形态及外观效果等。

6. 场地模型

场地模型(three-dimensional model of square)指依据场地区域的测量数据或设计资料制作的三维模型，主要表达除建筑、交通、水系、植被所占地面以外的自然或人工修筑场地的空间位置、几何形态及外观效果。

7. 管线及地下空间设施要素模型

管线及地下空间设施要素模型(three-dimensional model of pipeline and underground spacial facilities feature)指依据管线及地下空间设施的测量数据或设计资料制作的三维模型，主要表达地上地下管线、地下交通、地下人防工程等设施的空间位置、分布、形态及种类等。

8. 其他要素模型

其他要素模型(other-elements model)指包括除地形、建筑、交通、水系、植被、场地、管线及地下空间设施以外的要素。

(三)产品类型

由一类或多类三维模型组成的三维场景数据，构成了三维模型数据产品。通常情况下分为两类：仅用地形模型表现的三维地形景观；在地形模型基础上，增加其他模型分类中的一种或多种构成的三维模型景观。

三、三维模型的表现方式和内容

(一)表现方式

除地形模型外的其他三维模型可根据表现的精细程度分为三种方式：细节建模表现、主体建模表现和符号表现。

1. 细节建模表现

对地理要素主体结构、细部结构进行精细几何建模表现，外立面纹理采用能精确反映物体色调、饱和度、明暗度等特征的影像。

2. 主体建模表现

仅对地理要素的基本轮廓和外结构进行几何建模表现，植被、栅栏栏杆等模型仅用单面片、十字面片或多面片的方式表示，外立面采用能基本反映地物色调、细节特征结构的影像。

3. 符号表现

用三维模型符号库中预先制作的符号来表现地理要素，该模型符号仅有位置、姿态、尺寸及长宽高，比例可以改变。

(二)表现内容

1. 地形模型

地形模型通常以 DEM 作为基准，将 DOM、TDOM 或两者的组合贴附于 DEM 表面，实现地面起伏形态的三维描述，如图 1-13 所示。

图 1-13   地形模型

2. 建筑要素模型

（1）建筑物

按照建筑物形状、位置分布特点及复杂程度分为以下几类：

①简单独立建筑物。

②附属建筑物：首先要确定它是一个建筑物且与一个主体建筑物相连，分为两种情况：一种是一边与主体建筑物相连，另外一种是两边都与主体建筑物相连。

③多层建筑物：指建筑高度大于 10 米，且建筑层数大于 3 层的建筑。

④内部庭院：分为简单内部庭院和复杂内部庭院。简单内部庭院是指平顶房内的空地；复杂内部庭院是指由不同房檐类别的构筑物围成的空地。

⑤复杂建筑物：建筑物主体包含球面、弧面、折面或多种几何形状，或者包含以上四种类型的多种类型建筑物。

（2）建筑物屋顶

屋顶是建筑物的典型特征，根据屋顶形状，建筑物屋顶划分为以下几类：

①平顶房屋顶：包括平顶和单斜面顶两类。

②脊房屋顶：包括鞍形屋顶、脊形屋顶、鞍脊屋顶合成、菱形屋顶等。

③复杂屋顶：包含多种几何造型的屋顶。

（3）建筑物附属设施

建筑物附属设施包括烟囱、水箱、门廊、台阶、室外扶梯、房屋墩、柱、天窗、屋檐、避雷针、建筑物立面突出物以及屋顶装饰等。

3. 交通要素模型

①道路：按照道路宽度、车道数、位置分布等特点及复杂程度分为城际公路、城市道路和乡村道路等几类。

②地面上轨道交通：主要指铁路、轻轨等。

③桥梁：包括高架路、车行桥和人行桥等。

④道路附属设施：包括道路交通标志与标线、路沿、植被隔离带和栅栏等。

4. 水系要素模型

水系是江、河、湖、海、井、泉、水库、池塘、沟渠等自然和人工水体的总称，水系要素模型可由水面、河床、码头、河堤、护栏、防洪墙(堤)等几部分构成。

5. 植被要素模型

植被要素模型包括道路两旁成行栽植的行道树和绿地，以及公园、社区、庭院种植的景观植物。

6. 场地模型

场地模型对除建筑物、交通、水系、植被之外的自然或人工修筑所占场地进行建模，具体包括：高于地面的露台、下沉式广场、露天体育场、施工地、内部道路、空地等。

7. 管线及地下空间设施要素模型

①地上地下管线：铺设在道路地上或地下，分支到道路两旁建筑物中，用于满足日常所需的供水，排水，供电(包括电力电缆和架空电线)，通信(包括通信电缆和光缆、广播电视线路)，供热、供气的架空及地下管线，以及特殊用途的地下管线(如石油管线)等。

②地下人防设施：有防护要求的特殊地下建筑。按平时用途，分为商场、游乐场、影剧院(会堂)等；按工程构筑方式，分为掘开式工程和坑道式工程两大类。

③地下交通设施：指地铁、地下停车场等交通用途设施。

8. 其他要素模型

其他要素模型包括除地形、建筑、交通、水系、植被、场地、管线及地下空间设施以外的要素，分为辅助设施和美化设施两大类。

辅助要素分类见表 1-1。

表 1-1
辅助设施分类

辅助设施	建筑设施	围墙、城墙、栅栏及栏杆等
	交通设施	收费站、地下通道出入口、地上停车场、出租车站牌、路牌、交通指示牌等
	信息设施	环境标识、广告牌匾、滑板(告示板和宣传栏的统称)、计时装置、电子信息查询器等
	通信设施	电话亭、邮箱等
	休息设施	休闲座椅、伞、步廊、路亭等
	贩卖设施	售货亭、快餐点、问询处、自动售货机等
	游乐设施	游戏设施、娱乐设施、户外健身设施、游泳池等
	卫生设施	垃圾箱、烟灰器、公共厕所、饮水机清洗台等
	照明设施	大型景观灯、装饰照片灯、路灯等

美化设施分类见表 1-2。

表 1-2 美化设施分类

美化设施	装饰设施	大型雕塑、普通雕塑、壁饰、假山石等
	景观设施	人工瀑布、人工水池、喷泉等

四、三维模型可视化表达要求

三维模型可视化表达的要求可以用平面精度、高度精度、地形精度、DOM 精度、模型精细度以及纹理精细度六个指标来表述。每个指标划分为不同表达级别，每个级别对应相应的技术要求。

（一）平面精度

三维模型的平面精度应符合表 1-3 的要求。

表 1-3 三维模型的平面精度要求

级别	Ⅰ级	Ⅱ级	Ⅲ级	Ⅳ级	Ⅴ级
成图比例尺	1：500（外业调绘）	1：500（非外业调绘）	1：1000	1：2000	1：5000
平面精度	0.3	0.5	0.8	1.4	3.5

注：困难地区（如林区、阴影覆盖隐蔽区等）的平面中误差可按上表规定放宽 0.5 倍；两倍中误差为最大误差。

（二）高度精度

三维模型的高度精度应符合表 1-4 的要求。

表 1-4 三维模型的高度精度要求

级别	Ⅰ级	Ⅱ级	Ⅲ级	Ⅳ级	Ⅴ级
成图比例尺	1：500（外业调绘）	1：500（非外业调绘）	1：1000	1：2000	1：5000
高度精度	0.5	0.8	1	2	5

注：困难地区（如林区、阴影覆盖隐蔽区等）的高度中误差可按上表规定放宽 0.5 倍；两倍中误差为最大误差。Ⅴ级精度为以累加楼层方式建立模型时应达到或优于的高度精度。

（三）地形精度

三维模型的地形精度应符合表 1-5 的要求。

表 1-5 三维模型的地形精度要求

级别	Ⅰ级	Ⅱ级	Ⅲ级	Ⅳ级	Ⅴ级	Ⅵ级	Ⅶ	Ⅷ
成图比例尺	1：500	1：1000	1：2000	1：5000	1：10000	1：25000	1：50000	1：100000
网格间距	0.5	1	2	2.5	5	10	25	50
地形类别（平地）	0.37	0.37	0.75	1	1	3	6	12
地形类别（丘陵）	0.75	1.05	1.05	2.5	2.5	5	10	20
地形类别（山地）	1.05	1.5	2.25	5	5	8	16	32
地形类别（高山）	1.5	3	3	8	10	14	28	54

注：阴影、摄影死角、森林、隐蔽等困难地区高程中误差按上表规定放宽 0.5 倍，DEM 内插点的高程中误差按上表规定放宽 0.2 倍；高程中误差的两倍为采样点数据最大误差；DEM 与三维模型匹配的区域会损失部分精度。

（四）DOM 精度

三维模型的 DOM 精度应符合表 1-6 的要求。

表 1-6 三维模型的 DOM 精度要求

级别	Ⅰ级	Ⅱ级	Ⅲ级	Ⅳ级	Ⅴ级	Ⅵ级	Ⅶ级	Ⅷ级
成图比例尺	1：500	1：1000	1：2000	1：5000	1：10000	1：25000	1：50000	1：100000
DOM 地面分辨率	0.05	0.1	0.2	0.5	1	2.5	5	10

注：Ⅴ级、Ⅵ级、Ⅶ级、Ⅷ级为卫星影像地面分辨率。

（五）模型精细度

模型精细度具体包括建筑要素模型精细度、交通要素模型精细度、水系要素模型精细度、植被要素模型精细度、场地模型精细度、管线及地下空间设施要素模型和其他要素模型精细度。

1. 建筑要素模型精细度

三维模型的建筑要素模型精细度应符合表 1-7 的要求。

表 1-7   三维模型的建筑要素模型精细度表现分级表

内容	I 级	II 级	III 级	IV 级
屋顶	细节建模表现	主体建模表现	主体建模表现	主体建模表现
楼体	细节建模表现	细节建模表现	主体建模表现	主体建模表现
底商	细节建模表现	主体建模表现	不表现	不表现
女儿墙	细节建模表现	主体建模表现	主体建模表现	不表现
开放阳台	细节建模表现	主体建模表现	主体建模表现	不表现
屋顶重要装饰	细节建模表现	主体建模表现	不表现	不表现
下穿结构	细节建模表现	主体建模表现	主体建模表现	不表现
门廊	细节建模表现	主体建模表现	主体建模表现	不表现
屋檐	>0.5 米细节建模表现	>1 米细节建模表现	主体建模表现	不表现
吻兽	主体建模表现	符号表现	不表现	不表现
雀替	主体建模表现	符号表现	不表现	不表现
檐廊	细节建模表现	主体建模表现	不表现	不表现
大型台阶	细节建模表现	主体建模表现	主体建模表现	不表现
普通台阶	主体建模表现	主体建模表现	不表现	不表现
室外楼梯	细节建模表现	主体建模表现	主体建模表现	不表现
支柱(墩)	细节建模表现	主体建模表现	主体建模表现	不表现
立面突出物或重要装饰	>0.5 米细节建模表现	>1 米细节建模表现	主体建模表现	不表现
悬空通廊	细节建模表现	主体建模表现	主体建模表现	不表现
天窗老虎窗	主体建模表现	主体建模表现	主体建模表现	不表现
水箱	主体建模表现	符号表现	符号表现	不表现
发射塔	主体建模表现	符号表现	不表现	不表现
单位碑铭	主体建模表现	符号表现	不表现	不表现
门口装饰物	主体建模表现	符号表现	不表现	不表现
烟囱	主体建模表现	符号表现	不表现	不表现
旗杆	主体建模表现	符号表现	不表现	不表现
一般出入口	细节建模表现	主体建模表现	主体建模表现	不表现

注：确有必要时，可以扩展至六级。

2. 交通要素模型精细度

三维模型的交通要素模型精细度应符合表 1-8 的要求。

表 1-8 三维模型的交通要素模型精细度表现分级表

内容	Ⅰ级	Ⅱ级	Ⅲ级	Ⅳ级
地面道路	细节建模表现或地形表现	主体建模表现或地形表现	主体建模表现或地形表现	主体建模表现或地形表现
路基	主体建模表现或地形表现	主体建模表现或地形表现	主体建模表现或地形表现	地形表现或不表现
路面交通标线	细节建模表现	主体建模表现或地形表现	地形表现或不表现	不表现
人行道	细节建模表现	主体建模表现	主体建模表现或地形表现	地形表现或不表现
道路隔离带	细节建模表现	主体建模表现	主体建模表现或地形表现	地形表现或不表现
道路声屏障	主体建模表现	主体建模表现	不表现	不表现
交通护栏	主体建模表现	主体建模表现	主体建模表现	不表现
环岛	主体建模表现	主体建模表现	符号表现	不表现
公交站台	细节建模表现	符号表现	地形表现或不表现	不表现
列车站台	细节建模表现	主体建模表现	主体建模表现或地形表现	地形表现或不表现
公路、铁路隧道	细节建模表现	主体建模表现	不表现	不表现
铁轨	主体建模表现或地形表现	主体建模表现或地形表现	主体建模表现或地形表现	地形表现或不表现
高架路	细节建模表现	主体建模表现	主体建模表现	符号表现
立交桥	细节建模表现	主体建模表现	主体建模表现	符号表现
车行桥	细节建模表现	主体建模表现	主体建模表现	符号表现
人行桥	细节建模表现	主体建模表现	主体建模表现	符号表现

3. 水系要素模型精细度

三维模型的水系要素模型精细度应符合表 1-9 的要求。

表 1-9 水系要素模型精细度要求

内容	Ⅰ级	Ⅱ级	Ⅲ级	Ⅳ级
河面	主体建模表现或地形表现	主体建模表现或地形表现	主体建模表现或地形表现	地形表现或不表现
河床	主体建模表现或地形表现	主体建模表现或地形表现	地形表现或不表现	不表现

内容	Ⅰ级	Ⅱ级	Ⅲ级	Ⅳ级
码头	主体建模表现或地形表现	主体建模表现或地形表现	主体建模表现或地形表现	地形表现或不表现
停泊场	主体建模表现或地形表现	主体建模表现或地形表现	主体建模表现或地形表现	地形表现或不表现
防洪墙(堤)	主体建模表现或地形表现	主体建模表现或地形表现	主体建模表现或地形表现	不表现
河堤	主体建模表现或地形表现	主体建模表现或地形表现	主体建模表现或地形表现	地形表现或不表现
护栏	主体建模表现或地形表现	主体建模表现或地形表现	不表现	不表现
滩涂	主体建模表现或地形表现	主体建模表现或地形表现	地形表现或不表现	不表现
明礁	主体建模表现或地形表现	符号表现	地形表现或不表现	不表现
水闸	主体建模表现或地形表现	主体建模表现	主符号表现	地形表现或不表现
滚水坝	主体建模表现或地形表现	主体建模表现	主体建模表现	不表现
拦水坝	主体建模表现或地形表现	主体建模表现	主体建模表现	不表现
防波堤	主体建模表现或地形表现	主体建模表现	主体建模表现或地形表现	地形表现或不表现
亲水平台	细节建模表现	主体建模表现	主体建模表现或地形表现	地形表现或不表现
亲水台阶	细节建模表现	主体建模表现	地形表现或不表现	地形表现或不表现

4. 植被要素模型精细度

三维模型的植被要素模型精细度应符合表 1-10 的要求。

表 1-10 　　　　　　　　　　　　　**植被要素模型精细度要求**

内容	Ⅰ级	Ⅱ级	Ⅲ级	Ⅳ级
古树名木	细节建模表现	主体建模表现	符号表现	符号表现
带状绿化树	主体建模表现	符号表现	地形表现或不表现	不表现
绿篱	细节建模表现	符号表现或地形表现	地形表现或不表现	不表现

内容	Ⅰ级	Ⅱ级	Ⅲ级	Ⅳ级
树林	符号表现	主体建模表现	地形表现或不表现	不表现
草地	主体建模表现或地形表现	主体建模表现或地形表现	主体建模表现或地形表现	地形表现或不表现
苗圃	主体建模表现或地形表现	主体建模表现或地形表现	地形表现或不表现	地形表现或不表现
护树设施	主体建模表现	符号表现	不表现	不表现
花架花钵	主体建模表现	符号表现	不表现	不表现
绿地护栏	主体建模表现	符号表现	不表现	不表现
花圃(坛)	主体建模表现	主体建模表现或地形表现	地形表现或不表现	不表现

5. 场地模型精细度

三维模型的场地模型精细度应符合表 1-11 的要求。

表 1-11　　　　　　　　　　　场地模型精细度要求

内容	Ⅰ级	Ⅱ级	Ⅲ级	Ⅳ级
高于地面露台	主体建模表现	主体建模表现或地形表现	地形表现或不表现	地形表现或不表现
下沉式广场	细节建模表现	主体建模表现	主体建模表现或地形表现	地形表现或不表现
露天体育场	细节建模表现	主体建模表现	主体建模表现或地形表现	地形表现或不表现
露天游泳池	主体建模表现	主体建模表现或地形表现	地形表现或不表现	不表现
人工水池	主体建模表现	主体建模表现或地形表现	地形表现或不表现	不表现
施工地	主体建模表现或地形表现	主体建模表现或地形表现	地形表现或不表现	不表现
内部道路	主体建模表现或地形表现	主体建模表现或地形表现	地形表现或不表现	不表现
空地	主体建模表现或地形表现	主体建模表现或地形表现	地形表现或不表现	不表现

6. 管线及地下空间设施要素模型

管线及地下空间设施要素模型精细度应符合表 1-12 的要求。

表 1-12　　　　　　　　　　　　管线及地下空间设施要素模型精细度要求

类别	内容	Ⅰ级	Ⅱ级	Ⅲ级	Ⅳ级
地上地下管线	架空的管道	细节建模表现	主体建模表现	主体建模表现或地形表现	主体建模表现或地形表现
	架空管道墩架	细节建模表现	主体建模表现	主体建筑表现	不表现
	地面上的管道	细节建模表现	主体建模表现	主体建模表现或地形表现	主体建模表现或地形表现
	地面下的管道	细节建模表现	主体建模表现	地形表现或不表现	不表现
	有管堤的管道	细节建模表现	主体建模表现	主体建模表现或地形表现	主体建模表现或地形表现
	阀门井	主体建模表现	主体建模表现或地形表现	地形表现或不表现	不表现
	阀门	主体建模表现	符号表现	不表现	不表现
	排放装置	主体建模表现	符号表现	不表现	不表现
	动力站	主体建模表现	主体建模表现或地形表现	不表现	不表现
	检修井	主体建模表现	主体建模表现或地形表现	地形表现或不表现	不表现
	预留口	主体建模表现	不表现	不表现	不表现
	调压设备	主体建模表现	符号表现	不表现	不表现
	变径	主体建模表现	符号表现	不表现	不表现
地下人防设施	地下建筑空间	细节建模表现	主体建模表现	主体建模表现	不表现
	地下建筑空间的地表出入口	细节建模表现	主体建模表现	主体建模表现	不表现
	地下建筑物的天窗	主体建模表现	符号表现	不表现	不表现
地下交通设施	过街地道	细节建模表现	主体建模表现	主体建模表现	不表现
	地铁轨道	细节建模表现	主体建模表现	主体建模表现	不表现
	地铁站台	细节建模表现	主体建模表现	主体建模表现	不表现

(六) 纹理精细度

三维模型的纹理精细度应符合表 1-13 的要求。

表 1-13   三维模型的纹理精细度要求

类型		Ⅰ级	Ⅱ级	Ⅲ级	Ⅳ级
纹理描述		修饰真实纹理	不修饰真实纹理	通用纹理	示意纹理
纹理内容	纹理来源	现状照片	现状照片	现状照片	纹理库
	遮挡物	处理遮挡	处理遮挡	适当处理	不处理
	透视变形	需要处理	适当处理	适当处理	不处理
	纹理接缝	需要处理	适当处理	适当处理	不处理
	纹理眩光	需要处理	适当处理	适当处理	不处理

注：保持地理要素原有外观的完整性、美观性、统一性（建筑类不考虑因个人原因改装、随意搭建、封闭阳台而对建筑物造成的不统一），模型观感与原物体保持一致。不同行业应用的模型纹理精细度划分可依据项目或产品性质及用户需求做出相应规定。

五、三维模型质量要求

为保证三维模型数据成果的质量，消除数据中的错误、疏漏以及数据生产过程中产生的误差，在数据生产完成阶段，必须进行数据的检查验收。三维模型的检查内容主要包括数据完整性检查、数据正确性检查、空间位置精度检查、数据格式转换检查、应用平台集成可视化检查等，详细内容如下：

（一）数据完整性检查

数据的完整性检查主要是检查生产的三维模型成果与实际应做模型数量的一致性。各个作业小组完成一个区域的模型生产后，通过外业调查底图的记录信息、模型平面控制数据、影像图等资料核对是否有漏做或丢失的模型。在作业组自检和互检后，提交成果到质检组进行检查，其检查的主要内容如下：

1. 成果完整性检查

（1）内业成果完整性检查

检查内容一般包括模型成果数据、纹理数据、模型属性表、可视化平台格式的模型成果及配置表、自检互检记录、外业照片与模型成果核对记录、外业照片与打点记录及其匹配性、作业记录和特殊情况说明及文档成果等。

（2）模型成果完整性检查

通过人工结合工具将模型成果与原始的平面、高度控制资料（如地形图、影像图、规划图等）相比对检查是否有漏做和丢失。

（3）模型纹理完整性检查

通过批量工具和人工结合检查模型纹理是否有缺漏，是否与模型一一对应。

（4）属性表完整性检查

通过批处理工具检查属性信息数量与模型数量是否一致，命名是否一致，坐标位置信息与控制数据位置是否一致。

（5）模型格式转移及配置表完整性检查

通过人工结合工具检查模型转换可视化平台格式后的完整性，以及相应配置表的完整性和模型成果的匹配性。

（6）自检、互检记录表完整性检查

对模型生产过程中作业大组和质检组的检查和修改过程进行检查和监控，确保模型过程检查的完整与合理。

（7）外业照片与模型成果核对记录的完整性检查

检查作业员和作业组在模型生产过程中，对外业照片与内业模型核对检查的完整性。

（8）作业记录和特殊情况说明的完整性检查

检查作业员和作业组模型生产的作业记录是否完整，对一些疑问和特殊情况处理的记录是否完整等。

（9）文档成果完整性检查

主要是提交客户的成果文档，一般包括质检报告、技术设计、实施方案、技术总结、工作报告等。

（10）外业照片与编号记录及其匹配完整性检查

主要检查外业照片及外业编号记录的完整性和正确性，以及它们之间的一一对应性。

2. 过程资料的完整性检查

（1）原始数据完整性检查

原始资料包括建模的平面和高度控制数据、外业记录及作业底图等资料，在成果提交时，原始数据一般也作为成果的一部分提交，作为成果数据完整性、正确性和合法性的证明。

（2）模型中间成果的完整性检查

模型中间成果包括模型的过程作业凭据，是项目数据存档的重要部分，一般也需要进行存档，直至项目验收结项。

（3）原始过程记录完整性检查

检查内容主要包括小组级别的检查记录，一般有作业员自检记录、组内互检记录等内容。

（4）项目过程文档完整性检查

检查内容包括项目实施过程中的作业任务分配表、会议纪要、周报月报、阶段性总结及相关函件等资料，该部分资料是项目实施过程中的技术、进度、需求、变更等内容的真实记录文件，是项目实施过程完整性的重要组成部分。

(二) 数据正确性检查

1. 数据格式正确性

（1）纹理数据格式正确性

三维城市模型的普通纹理通常为 .tif 和 .jpg 格式，透明贴图纹理通常为 .png 和 .tga 格式。

（2）原始模型格式正确性

在模型生产中一般使用 3ds Max 平台，模型成果格式通常为 .max 和 .3ds 格式。

(3)地形模型格式正确性

地形模型有通过 DEM 和 DOM 集成的各种可视化应用平台的专用格式，也有通过 3ds Max 平台生产的.max 和.3ds 格式。

(4)可视化集成模型格式正确性

在三维可视化平台中的模型通常为.X、a.USX、3dm 等格式，普通纹理通常为.tif、.xpl 格式，透明纹理通常为.png、.tga 格式。

(5)文档数据格式正确性

技术文档、工作报告、会议记录等文档常用 word 的.doc、.xls 格式，以及打印装订的纸质文档。

2.模型正确性

(1)模型分类的正确性

模型分类一般按国家相关标准进行，如项目另有要求，则根据项目制定的数据标准进行，一般分为建筑、交通、水系、植被、管线、地形、其他(小品)等种类。

(2)模型精细分级的正确性

模型精细分级一般按国家相关标准进行，如项目另有要求，则根据项目制定的数据标准进行，一般分为精细、标准、基础、简易(框架)四级。

(3)建模单元编码的正确性

建模单元的编码按照技术要求和数据标准进行编制，建模单元的划分要覆盖整个项目区域，单元与单元之间不能有重叠或缺漏的地方。

(4)模型编号的正确性

项目区域内的所有模型均要有唯一的模型编号，一般不应有断号和漏号。

(5)模型结构的正确性

模型的生产需要根据其对应的精细级别制作其细节结构，且需要保证与真实的一致性，即在不同精细级别下，应当保证其结构表现方法和取舍的合理与正确。

3.纹理正确性

(1)纹理材质的完整性

每个模型的每个面都必须赋予纹理材质，不能存在无贴图的面或无贴图的模型。

(2)纹理材质的现势性

模型上的纹理材质要真实反映实地现状情况，模型纹理都应与外业采集照片所反映的内容一致。

(3)纹理命名的正确性

纹理的命名通常与模型命名相对应，一般根据国家标准或结合地方特点制定的技术要求和数据标准进行。

(4)纹理数量的合理性

为了减少相同面积、相同精细度下模型的纹理数量，通常要对模型纹理进行优化，包括建立重复使用的纹理库、避免使用相同内容不同命名的纹理，以及对小尺寸纹理进行必要整合等。纹理数量的合理性检查主要是检查处理和实现这些内容的正确性与合理性，确保模型纹理优化的效果和可视化的效率。

(5)纹理尺寸、通道、分辨率的正确性

三维城市模型的纹理尺寸必须为 2 的 N 次幂，且大小不应大于 1024×1024，分辨率通常为 72，透明贴图纹理一般为 Alpha 通道。

（6）纹理的合法性、有效性、冗余性检查

检查内容主要为三维城市模型的纹理应该为 RGB 模式，文件没有损坏，能正常打开可视化，类型应该为 Standard 标准材质，没有用不到的纹理数据等。

4. 一致性检查

（1）模型与建模单元和管理单元的一致性

通常情况下，模型成果与测区的建模单元在命名和空间位置上有逐级包含的关系，在模型成果的应用中，应该保证它们之间的关系唯一且相对应，以方便管理使用。

（2）模型与纹理的一致性

三维城市的模型与其纹理有一一对应的包含关系，通过检查它们之间的一致性，确保模型在应用时的图属一致及管理和使用正确。

5. 数学精度检查

①在建模平台中采用人工套合可视化和采用批处理工具检查模型成果与原始平面和高度控制数据的匹配情况，并随机设置检查点计算误差值和求解套合中误差，以检查和保证模型成果的精度误差在规范和标准规定的范围内。

②数学精度的检查需要正确理解控制数据与成果数据之间的关系，通常情况下由于传统地形测量的建筑物数据只表示了建筑的基底位置，而三维模型需表现基底以上的阳台、屋檐墙体附属结构、墙面突出装饰物等，这两者在空间上并不会完全一致，因此需要正确区分和对待。

③模型的高度控制数据通常使用航空摄影测量采集，而平面控制数据通常用传统测绘获取。在城市密集区建筑物的平面精度控制上，传统测绘要高于航空摄影测量。因此，通常在三维模型的平面控制上使用传统测绘的地形图数据，而高度控制上使用航测三维矢量线数据，但这两者在平面投影中是存在误差的，所以在精度检查中要理解并注意平面数据与高度数据的精度特点。传统测量地形数据只使用其基底平面位置信息，航测高度矢量数据只使用其高程信息和解析建筑物顶部结构，二者进行合理的整合和取舍。

④在模型生产过程中，通常存在源数据与实地现状不一致的现势性问题，这种情况首先需要检查作业组在生产过程中是否有进行特殊情况说明，然后根据技术设计的要求进行整理与核对，并根据相关的规定进行更新。

6. 集成平台可视化检查

①数据导入三维可视化平台后，通过在平台中人机交互检查模型成果是否存在平面和高程坐标移位、模型显示错误、纹理错乱、透明贴图错误、模型和纹理丢失、模型炸散飞离、模型纹理整体色调过渡不合理、模型仿真度和立体感不强等问题，并对这些问题反馈相应的修改和调整建议。

②在三维可视化平台的数据库中，通过人工结合工具检查模型和其属性的一致性，以及模型属性的完整性、正确性、合法性等，并对出现的问题进行汇总分析，反馈修改建议。

小贴士　三维 GIS 建模项目，需依据我国的国家标准，结合项目要求，制定具体的项目技术规范。

任务 1-4　3ds Max 建模平台

3ds Max 软件是目前应用最广泛的三维建模、动画、渲染软件之一，3ds Max 软件可以完成三维模型建模和局部细节结构的精细改造，满足三维 GIS 建模要求。本任务主要介绍 3ds Max2018 工作界面、文件操作、视图操作和系统设置等。

一、软件工作界面

(一)软件启动

电脑安装了 3ds Max 2018 以后，就可以进行软件使用，该软件的启动方法有以下4 种：

①双击桌面上的 3ds Max 2018 的图标，即可启动软件；

②单击【开始】→【程序】，在程序菜单中找到 Autodesk 菜单选择 Autodesk 3ds Max 2018 再选择 3ds Max 2018 图标，即可启动软件；

③双击一个 3ds Max 文件，即可启动 3ds Max 2018 软件，并打开该文件；

④如果在快速启动栏中有 3ds Max 2018 图标，可以单击图标来启动 3ds Max 2018 软件。

(二)工作界面

进入 3ds Max 2018 后，即可看到其工作界面，如图 1-14 所示。

1. 标题栏

标题栏位于工作界面的最上面，文件保存后，该文件名称会出现在最左边。

2. 菜单栏

标题栏下面是菜单栏，主要包括【文件】、【编辑】、【工具】、【组】、【视图】、【创建】、【修改器】、【动画】、【图形编辑器】、【渲染】、【Civil View】、【自定义】、【脚本】等菜单。

3. 工具栏

菜单栏下面是工具栏，工具栏中放的是最常用的菜单命令，主要包括主工具栏和浮动工具栏。主工具栏包括各种选择工具、捕捉工具、渲染工具等，还有一些菜单中的快捷键，可以直接打开某些控制窗口；浮动工具栏可以通过选择【自定义】→【显示 UI】→【显示浮动工具栏】子菜单，控制浮动工具栏的打开或关闭。

4. 命令面板

命令面板是 3ds Max 的中枢系统，由【创建】、【修改】、【层次】、【运动】、【显示】和

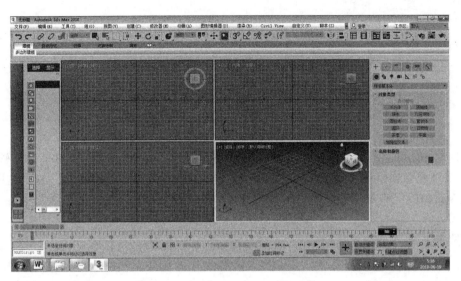

图 1-14　3ds Max 2018 工作界面

【实用程序】6 个部分组成，其中包括大多数的造型和动画命令，可以进行大量的参数设置，例如用于建立所有对象、修改加工对象、连接设置、运动设置和应用程序选择等。

5. 视图控制区

视图控制区位于工作界面的右下角，其中的控制按钮可以控制视图显示的状态，例如视图的缩放、移动、旋转和全屏切换视图等，以便仔细观察物体的各个部分。另外，视图控制区的各按钮会因所用视图的不同而呈现不同的状态。

6. 状态栏与提示栏

状态栏位于工作界面的左下方，主要分为当前状态栏和提示栏两个部分，用来显示当前状态及选择锁定方式。

7. 视图区

视图区在 3ds Max 工作界面中占据大量的面积，是三维创作的主要工作区域，位于命令面板的右侧，一般分为【顶】视图、【前】视图、【左】视图和【透】视图 4 个工作窗口，其中镶着黄边的是当前活动视图。通过这 4 个不同的工作窗口，可以从不同的角度去观察创建对象，其中透视图是立体的状态图。

小贴士　用户可以在【视图】→【视口配置】菜单中对视图区进行设置，设置自己需要的视图。

8. 动画控制区

动画控制区位于状态栏与视图控制区之间，用于对动画时间的控制。通过动画时间控制区可以开启动画制作模式，可以随时对当前的动画场景设置关键帧，并且完成的动画可以在处于激活状态的视图中进行实时播放。

二、文件操作

(一)打开文件

1. 菜单打开

单击【文件】→【打开】，弹出【打开文件】对话框，如图 1-15 所示，在该对话框中选择要打开的文件后，单击【打开】按钮，完成打开文件。

2. 快捷键打开

在键盘上按下快捷键 Ctrl+O，同样会弹出【打开文件】对话框，可以完成打开文件操作。

3. 打开最近

单击【文件】→【打开最近】，可以快速打开最近曾经打开过的文件。

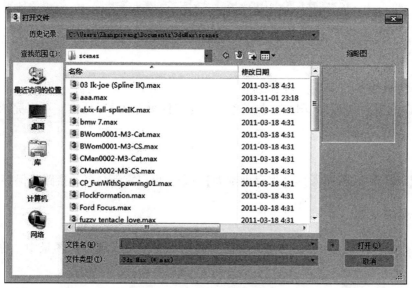

图 1-15　【打开文件】对话框

小贴士　单击【自定义】→【首选项】菜单，在对话框中将"文件菜单中最近打开的文件"改成 0 后，则删除最近打开的文件列表。

(二)保存文件

1. 菜单保存

单击【文件】→【保存】，会弹出【文件另存为】对话框，如图 1-16 所示，在对话框中选择要保存的文件夹，输入文件名，选择文件类型（如 ＊．max），单击【保存】按钮，完成对文件的保存。

图 1-16 【文件另存为】对话框

2. 快捷键保存

在键盘上按下快捷键 Ctrl+S，同样会弹出【文件另存为】对话框，可以完成对文件的保存。

3. 另存文件

单击【文件】→【另存为】或【保存副本为】命令，可以重新命名并换路径保存文件。

（三）合并文件

在 3ds Max 中，经常需要把其他场景中的一个对象加入到当前场景中，称之为合并文件。

单击【文件】→【导入】→【合并】，弹出【合并文件】对话框，如图 1-17 所示，在该对话框中选择要合并的场景文件，单击【打开】按钮，弹出【合并】对话框，如图 1-18 所示，在该对话框中选择要合并的对象，单击【确定】按钮完成对文件的合并。

（四）导入导出文件

1. 导入文件

在 3ds Max 中打开非 Max 类型的文件（如 dwg 格式等），则需要用到【导入】命令。

单击【文件】→【导入】→【导入】，弹出【选择要导入的文件】对话框，如图 1-19 所示，选择要导入的文件格式，再选择要导入的文件，单击【打开】按钮，完成文件导入。

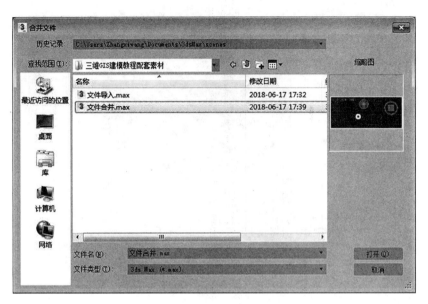

图 1-17　【合并文件】对话框

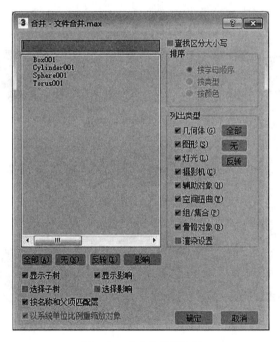

图 1-18　【合并】对话框

2. 导出文件

要把 3ds Max 中的场景保存为非 Max 类型的文件（如三 3ds 格式等），则需要用到【导出】命令。

单击【文件】→【导出】→【导出】，会弹出【选择要导出的文件】对话框，如图 1-20 所

33

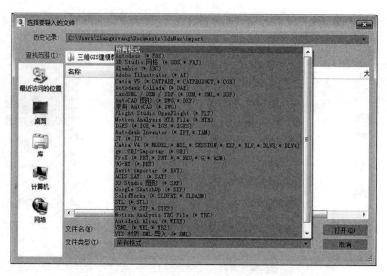

图 1-19 【选择要导入的文件】对话框

示，选择要导出文件的格式，再选择要导出的文件存放的路径，最后输入要导出文件的名称，单击【保存】按钮，完成文件导出。

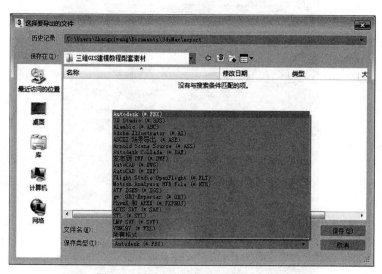

图 1-20 【选择要导出的文件】对话框

(五)重新设置文件

删除所有对象，并将视图和各项参数恢复到默认状态，称之为重置文件。单击【文件】→【重置】菜单即可完成重置操作。我们常用这个命令来实现新建文件的目的。

如果在使用该命令的时候正在编辑的文件有改动，但并未保存，系统会自动弹出对话框，询问用户是否需要保存。

三、系统设置

(一) 单位设置

在 3ds Max 中创建对象时，为了达到一定的精确程度，必须设置图形单位。

单击菜单栏中的【自定义】→【单位设置】菜单，弹出【单位设置】对话框，如图 1-21 所示。在【显示单位比例】选项组中，选中【公制】选项按钮，并在下拉菜单中选择【毫米】（3ds Max 的工作区域中实际显示的单位）。

单击【系统单位设置】按钮，在弹出的对话框中也选择【毫米】（表示系统内部实际使用的单位），如图 1-22 所示，最后单击【确定】按钮完成设置。

图 1-21　【单位设置】对话框　　　　图 1-22　【系统单位设置】对话框

小贴士　根据我国的国家标准，三维 GIS 建模中单位一般设置为毫米或米。

(二) 视图设置

1. 选择视图

在 3ds Max 中默认情况下，在视图区有四个大小一致的窗口。在某个视图上单击鼠标时视图的四周会出现黄色方框表示此视图已激活可以对其中显示的对象进行操作。

2. 设置视图

用户可以在【视图】→【视口配置】菜单中可以对视图区进行设置，设置自己需要的视图背景、布局、类型等，如图 1-23 所示。

视图的名称位于视图左上角，右键单击视图名称会弹出快捷菜单，如图 1-24 所示。

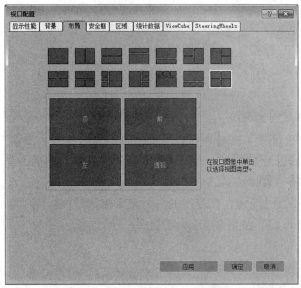

图 1-23　【视口配置】对话框

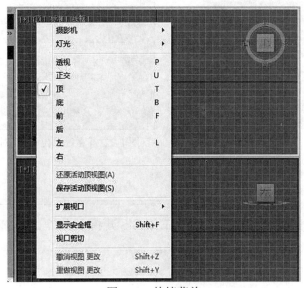

图 1-24　快捷菜单

选择该菜单中的选项可以改变当前视图。从图 1-24 中可以看出，除了【顶】、【前】、【左】、【透视】视图外，还有【底】、【后】、【右】等多种视图模式。

小贴士 ┊ 可通过在键盘上输入视图名称的第一个字母来改变视图。例如，改为【顶】视图按 T 键；【左】视图 L 键、【右】视图 R 键、【透】视图 P 键、摄像机视图 C 键。

3. 控制视图

在工作界面右下角有 8 个图形按钮，它们是当前激活视图的控制工具，用于实施各种视图显示变化的操作。根据视图种类的不同，相应的控制工具也会有所不同。图 1-25 为默认状态下视图的控制工具按钮。

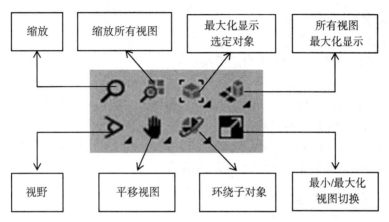

图 1-25　默认状态下视图的控制工具按钮

 小贴士 ┆ 视图控制是可变的，某些按钮相对于不同视图会改变为其他按钮等。

视图的控制工具按钮的主要功能为：

【缩放】：在任意视图中单击并上下移动鼠标可拉近或推远场景。

【缩放所有视图】：单击后上下移动鼠标，同时在其他所有标准视图内进行缩放显示。

【最大化显示】：将所有对象以最大化的方式显示在当前激活视图中。

【最大化显示选定对象】：将选择的对象以最大化的方式显示在全部标准视图中。

【所有视图最大化显示】：将所有视图以最大化的方式显示在全部标准视图中。

【视野】：在透视中除对视景和视角都发生改变。

【平移】：激活并平移某一视图。仅仅移动视图中的显示，但并不拉近或远推视图。

【环绕子对象】：将视图中心作为旋转中心，旋转视图。当鼠标放在环绕圈的内部、四个角点和大圈外部时，环绕显示的效果不同。如果对象靠近视图的边缘，它们可能会旋出视图范围。

【最小/最大化视图切换】：将当前激活视图切换为全屏显示。

 小贴士 ┆ 通过快捷键来控制视图。Ctrl+滚轮：快速环绕观察；Z：所有最大化显示；选中 +Z：选中物体最大化显示；Ctrl+W：最大/最小切换。

职业能力训练

训练一　三维 GIS 建模平台操作

一、实训目的

①认识三维 GIS 建模平台；

②能对常用的三维 GIS 建模平台进行操作。

二、实训内容

①Google Earth 以三维地球的形式把大量卫星图片、航拍照片和模拟三维图像组织在一起，使用户从不同角度浏览地球。

②ArcGIS Explorer 是美国环境系统研究所公司(ESRI)推出的一个免费的虚拟地球浏览器，提供自由、快速的 2D 和 3D 地理信息浏览。

训练二　三维模型分类

一、实训目的

①熟悉三维地理信息产品标准规范；

②能对三维模型进行正确分类。

二、实训内容

①对三维校园建模中的建筑要素模型进行分类；

②对三维校园建模中的交通要素模型进行分类；

③对三维校园建模中的植被要素模型进行分类。

训练三　3ds Max 软件中文件操作

一、实训目的

①熟悉 3ds Max 的工作界面；

②掌握 3ds Max 中文件的打开、保存、合并、导入等操作方法；

③能在 3ds Max 中对文件进行打开、保存、合并、导入等操作。

二、实训内容

①在 3ds Max 中新建文件，并在文件中绘制任意三维对象，将该文件保存为"文件操作 1"；

②打开配套资源中的导入文件，在该文件中导入配套资源中的 AutoCAD 格式的文件，将该文件另存为"文件操作 2"；

③将配套资源中的合并文件 1 和合并文件 2 两个文件合并，将新文件另存为"文件操作 3"。

训练四　3ds Max 软件中系统设置

一、实训目的

①熟悉 3ds Max 的系统设置内容；

②掌握单位设置和视图设置方法；

③能根据建模需要，进行单位设置；

④能根据建模需要，进行视图的调整和视图控制。

二、实训内容

①在 3ds Max 中新建文件，将该文件保存为"系统设置 1"；

②将该文件的【显示单位比例】中的单位和【系统单位设置】中的单位都设置为毫米；

③在该文件中绘制一个半径为 100 毫米的球形，一个长、宽、高分别为 100 毫米、50 毫米和 200 毫米的长方体；

④分别从顶视图、后视图、右视图和透视图中观察绘制对象的形状。

思考与练习

1. 什么是三维 GIS？什么是三维地理信息建模？什么是三维地理信息模型？
2. 简述三维 GIS 建模的方法。
3. 三维模型是如何进行分类的？
4. 三维模型的表现方式和内容有哪些？
5. 3ds Max 的界面由哪几部分组成？其功能分别是什么？
6. 3ds Max 中文件操作有哪些？举例说明具体是如何操作的。

项目二　三维模型创建

【项目概述】

采用三维建模软件建立三维模型是一种最原始、用途最广的三维建模方法，如 3ds Max 等。3ds Max 是 Autodesk 公司研发的一种三维造型、渲染、动画制作软件，功能强大，应用范围最广。利用 3ds Max 丰富的模型制作工具，可以完成三维模型建模和局部细节结构的精细改造，制成直观、逼真、效果好的三维立体模型，作为三维 GIS 的一个重要数据来源。本项目主要介绍几何体建模、平面图形建模、高级建模等 3ds Max 常用的建模工具和建模方法；通过典型案例，详细讲述了基本几何体建模、扩展几何体建模、其他几何体建模、二维图形创建、二维图形建模和高级建模等的制作方法、特点和制作过程。

【学习目标】

1. 掌握几何体建模内容及方法；
2. 能进行基本几何体建模、扩展几何体建模和其他几何体建模；
3. 掌握平面图形建模内容和方法；
4. 能进行二维图形的创建和编辑，能基于二维图形进行模型的创建；
5. 掌握高级建模方法；
6. 能进行高级建模，能综合运用建模方法完成模型的构建。

任务 2-1　几何体建模

一、几何体创建内容

点、线、面构成了几何图形，由众多几何图形相互连接构成了三维模型。在三维世界中，基本的建筑块被称为原始几何体。原始几何体通常是简单的对象，它们是建立复杂对象的基础。3ds Max 中提供了创建几何体的简单快捷的方法，首先要从命令面板中选取几何体的类型，然后在视图中单击并拖曳，就可以制作出漂亮的基本三维模型。

(一)确定几何体创建的工具

在【对象类型】展卷栏下以按钮方式列出所有可用的创建几何体的工具，单击相应的工具按钮，在视图中拖动就可以创建相应的对象。某些对象要求在视图中进行一次单击和拖曳操作，而另外一些对象则要求在视图中进行多次单击和鼠标移动操作。

☞ **案例 2-1**　创建茶壶

制作要求：创建一个任意大小的茶壶。

制作目的：掌握创建几何体的方法，能使用几何体创建工具。

操作步骤：

①单击【标准基本体】中的【茶壶】按钮。

②激活【顶】视图，在【顶】视图中单击鼠标，并拖动。

③松开鼠标，创建茶壶，如图 2-1 所示。

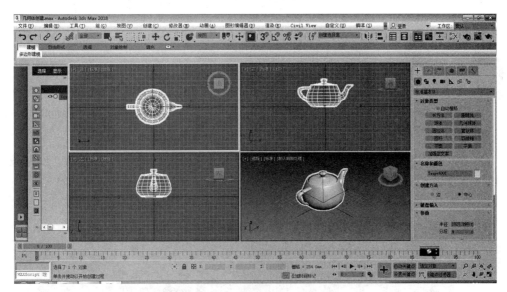

图 2-1　单击创建茶壶

(二)对象名称和颜色

1. 对象名称

在【名称和颜色】一栏下，文本框显示对象名称，一般在视图中创建一个对象，系统会自动赋予一个表示自身类型的名称，如 Teapot001，box002 等。用户可以在该文本框中自定义对象名称。

2. 对象颜色

名称右侧的颜色块显示对象颜色，单击它可以调出【对象颜色】对话框，如图 2-2 所示，在其中选择一个颜色，单击【确定】按钮，进行颜色设置。

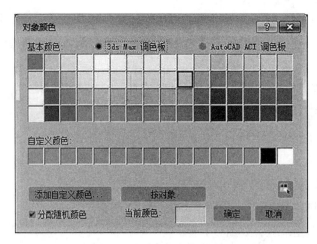

图 2-2 【对象颜色】对话框

☞ **案例 2-2** 创建长方体

制作要求：创建一个长方体，并修改其名称为石桌面，颜色为白色；

制作目的：掌握对象名称和颜色修改方法，能按照要求进行对象名称和颜色的修改。

操作步骤：

①单击【标准基本体】中【长方体】按钮，在【顶】视图中单击鼠标并拖动，创建长方体，如图 2-3 所示。

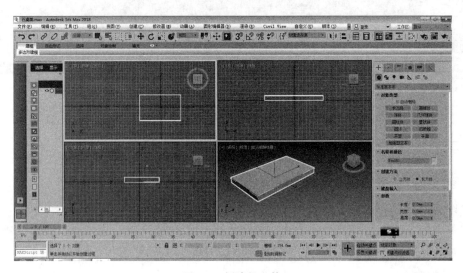

图 2-3 创建长方体

②打开【名称和颜色】一栏，在名称位置，输入名称"石桌面"；

③打开【名称和颜色】一栏，单击右侧的色块，在弹出对象颜色对话框中选择"白色"

颜色，单击【确定】按钮；

④长方体的的名称修改为"石桌面"，颜色修改为"白色"，如图 2-4 所示。

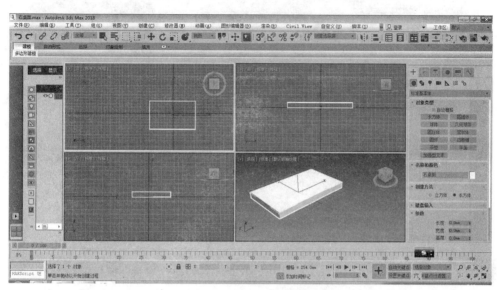

图 2-4　长方体名称和颜色修改

(三) 精确创建

通常都是使用单击拖动的方式创建对象，这样创建对象的参数及位置等往往不会一次性达到目的，还需要对其参数和位置进行修改。因此，可以通过直接在【键盘输入】栏中，输入对象的坐标值及参数来创建对象，输入完成后单击【创建】按钮，具有精确尺寸的造型就呈现在你所安排的视图坐标点上。

☞ **案例 2-3**　精确创建油罐

制作要求：创建一个油罐，该油罐半径为 50，高度是 100，封口高度是 20(系统默认单位)。

制作目的：掌握标准基本体精确创建方法，能按照要求进行标准基本体的精确创建。

操作步骤：

①激活【顶】视图，单击【扩展基本体】中【油罐】按钮；

②在【键盘输入】卷展栏中输入具体的参数，即输入半径为 50，高度是 100，封口高度是 20。

③在【键盘输入】一栏中单击【创建】按钮，在视图中已创建了具有精确尺寸的油罐，如图 2-5 所示。

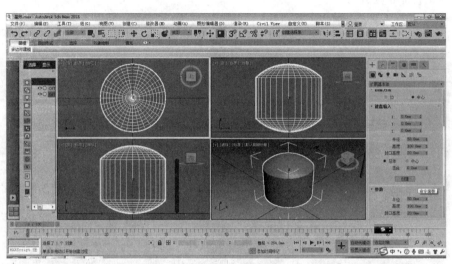

图 2-5　精确创建油罐

 小贴士 不同的几何体创建工具，它的【键盘输入】及其他各栏中相应参数也会
有所不同。

（四）修改参数

在命令面板中每一个创建工具都有它自己的可调节参数，这些参数可以在第一次创建
对象时，在【创建】命令面板中直接对其进行修改。也可以在【修改】命令面板中进行修改。
通过修改这些参数可以产生不同形态的几何体。如锥体工具就可以产生圆锥、棱锥、圆
台、棱台等。大多数工具中都有切片参数控制，就像切蛋糕一样切割物体，从而产生不完
整的几何体。

☞ **案例 2-4**　修改茶壶参数

制作要求：修改茶壶参数，将其半径修改为 150，分段修改为 8，并将壶把和壶嘴的
部件去掉。

制作目的：掌握标准基本体参数修改的方法，能根据要求进行标准基本体参数修改。

步骤：

①打开案例 2-1 中创建的茶壶文件；

②选中茶壶对象，打开【修改】命令板；

③在【参数】栏中，对茶壶的半径和分段的参数重新进行设置，并去掉壶把和壶嘴的
勾选；

④修改完毕，结果如图 2-6 所示。

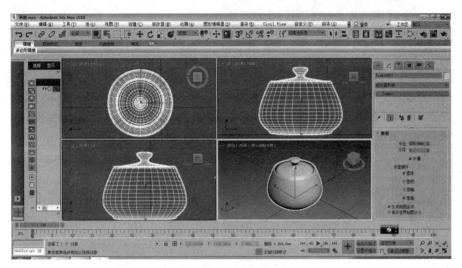

图 2-6　修改茶壶参数

 小贴士　创建对象后一般直接【修改】面板。这样既能避免意外地创建不需要的对象，又能保证在参数面板中做的修改一定起作用。

二、标准基本体建模

(一)标准基本体

1. 标准基本体类型

三维模型中，最简单的对象是标准几何体。3ds Max 标准基本体中提供了长方体、球体、圆柱体、圆环、茶壶、圆锥体、几何球体、管状体、四棱锥、平面、加强型文本等基本的三维对象，它们大多有尖锐的棱角参数设置，比较简单。

2. 标准基本体创建

利用 3ds Max 中提供的【创建】→【标准基本体】菜单，或者命令面板中【创建】→【几何体】→【标准基本体】面板中的工具按钮，如图 2-7 所示。通过鼠标的拖动和参数设置等，可以直接创建出长方体、球体、圆柱体、圆环、茶壶、圆锥体、几何球体、管状体、四棱锥、平面、加强型文本等基本的三维对象。

 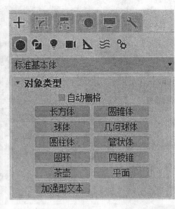

（a）标准基本体创建的菜单　　　（b）创建标准基本体的命令面板

图 2-7　创建标准基本体的方法

☞ **案例 2-5**　标准基本体创建

制作要求：新建文件，在该文件中创建长方体、球体、圆柱体、圆环、茶壶、圆锥体、几何球体、管状体、四棱锥、平面、加强型文本等基本的三维对象。

制作目的：掌握标准基本体创建和参数修改方法，能进行标准基本体创建和参数修改。

操作步骤：

（1）启动软件

启动 3ds Max 2018 软件，将【单位设置】中的【显示单位比例】和【系统单位设置】都设置为毫米（mm）；

（2）创建长方体

①在命令面板中单击【创建】→【几何体】→【标准基本体】→【长方体】工具按钮；

②在【顶】视图中拖动鼠标左键拽出一个矩形，然后松开左键，向上方一定的距离单击鼠标，即可形成长方体；

③选中长方体对象，打开【修改】命令板；

④在【参数】栏中，修改长方体的参数，如图 2-8 所示，使其符合要求。

（3）创建球体

①在命令面板中单击【创建】→【几何体】→【标准基本体】→【球体】工具按钮；

②在【顶】视图中按住鼠标左键拖曳创建出球体；

③选中球体对象，打开【修改】命令板；

④在【参数】栏中，修改球体的参数，如图 2-9 所示，使其符合要求。其中下方的【切除】及【挤压】两个参数则是用来控制球体在随半球系数变化时，球体的纬线是否跟随其变化。

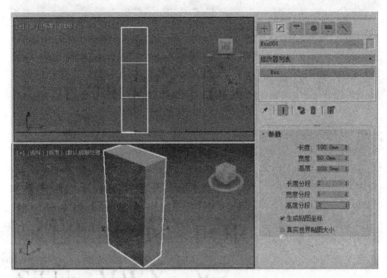

图 2-8 长方体创建及其参数修改

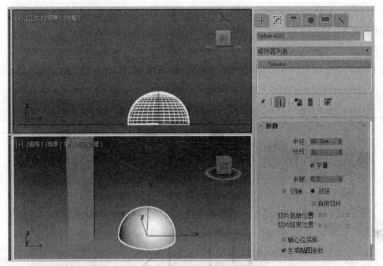

图 2-9 球体创建及其参数修改

（4）创建管状体

①在命令面板中单击【创建】→【几何体】→【标准基本体】→【管状体】工具按钮；

②在【顶】视图中，单击鼠标左键并拖动，确定管状体外径，单击鼠标左键并拖动，确定管状体内径，向上移动单击鼠标左键并松开，确定管状体的高度；

③选中管状体对象，打开【修改】命令板；

④在【参数】栏中，修改管状体的参数，如图 2-10 所示，使其符合要求。【切片】这个参数用来控制管状体的显示状态，【切片起始位置】的值决定其显示的起始度，而且【切片结束位置】则决定其显示的结束角度。

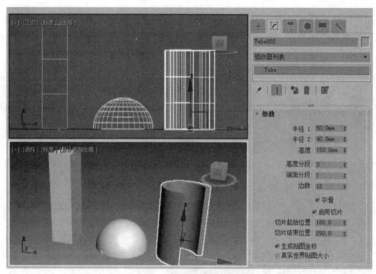

图 2-10　修改管状体的参数

（5）创建其他标准基本体

按照以上步骤，创建圆柱体、圆环、茶壶、圆锥体、几何球体、四棱锥、平面、加强型文本等其他标准几何体。

（6）模型颜色和位置调整

选中场景中模型对象，对模型颜色和位置进行调整，最终效果如图 2-11 所示。

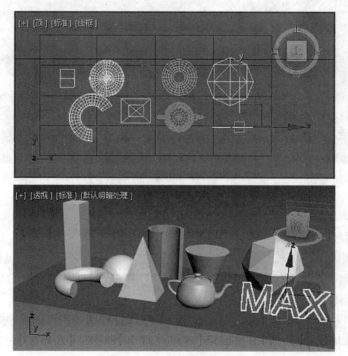

图 2-11　标准基本体创建

(7)保存文件

利用【文件】→【保存】，将模型文件保存到指定位置，并命名为"标准基本体"。

小贴士

在操作中若【顶】视图总会变为正交，在【视口配置】选中【SteeringWheels】，将【选择灵敏性】前面的对勾去掉即可。

(二)标准基本体的建模

在 3ds Max 中可以使用单个基本对象对很多现实中的对象建模，还可以将标准几何体组合拼建，建立相对复杂的模型，满足三维建模需要。

☞ **案例 2-6**　石桌模型创建

制作要求：利用【长方体】、【复制】、【移动】等工具命令，拼建制作石桌模型。石桌模型效果如图 2-12 所示。

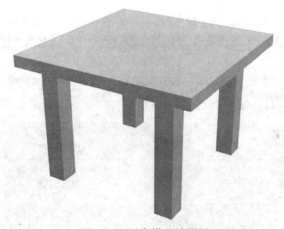

图 2-12　石桌模型效果图

制作目的：掌握【长方体】、【复制】、【移动】等工具命令的含义和使用方法，能进行【长方体】、【复制】、【移动】等命令的使用。

操作步骤：

(1)创建文件

启动 3ds Max 2018 软件，重置文件。

(2)设置单位

将【单位设置】中的【显示单位比例】和【系统单位设置】都设置为毫米(mm)。

(3)创建石桌面

在命令面板中单击【创建】→【几何体】→【标准基本体】→【长方体】工具按钮，在【顶】视图中创建一个长为 400mm，宽为 800mm，高为 50mm 的长方体，创建图形和参数设置如图 2-13 所示,并命名为"石桌面"。

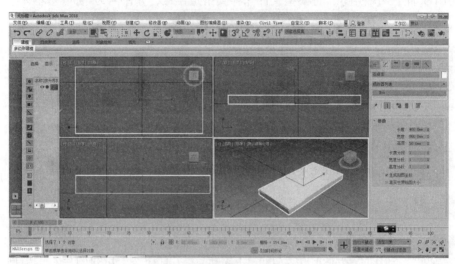

图 2-13 创建图形和参数设置

(4)创建石桌腿

单击【长方体】工具按钮,在【顶】视图中创建一个长为 80mm,宽为 80mm,高为 500mm 的长方体,创建图形和参数设置如图 2-14 所示,并命名为"石桌腿 01"。

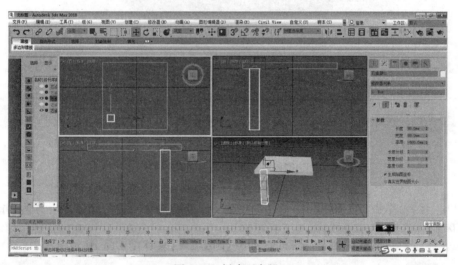

图 2-14 创建石桌腿

(5)复制其他石桌腿

①在【顶】视图中选中刚创建的石桌腿,激活【移动】工具。

②按住 Shift 键,拖动复制出第二条石桌腿。

③按住 Ctrl 键,加选一条石桌腿,再按住 Shift 键,拖动复制出第三、第四条石桌腿,如图 2-15 所示。

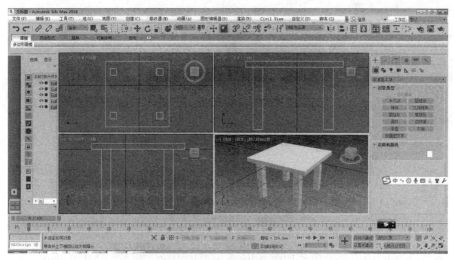

图 2-15 拖动复制石桌腿

（6）模型调整

在【顶】视图中选中刚创建的石桌腿，激活【移动】工具，调整石桌腿的位置，使桌腿和桌面的位置相符合。

（7）模型颜色调整

全部选中场景中对象，统一对颜色进行设置。

（8）保存文件

利用【文件】→【保存】，将模型文件保存到指定位置，命名为"石桌模型"。

小贴士 | 调用【移动】工具按钮，按住【Ctrl】键移动对象，可以实现三维对象的移动复制。

☞ **案例 2-7** 路灯模型创建

制作要求：利用【圆柱体】、【圆锥体】、【球体】等工具命令创建和修改几何体，用【对齐】、【选择并移动】等命令将各对象放置于合适位置，拼建制作路灯模型。路灯模型效果如图 2-16 所示。

制作目的：掌握【圆柱体】、【圆锥体】、【球体】、【对齐】、【选择并移动】等工具命令含义和使用方法，能综合运用这些命令拼建制作三维模型。

操作步骤：

（1）启动软件

进入 3ds Max 2018 软件，重置文件。

（2）设置单位

图 2-16　路灯模型效果图

将【单位设置】中的【显示单位比例】和【系统单位设置】都设置为毫米(mm)。

(3)创建灯柱

在命令面板中单击【创建】→【几何体】→【标准基本体】→【圆柱体】工具按钮,在【顶】视图中创建一个半径为 120mm,高为 2500mm 的圆锥体,创建图形和参数设置如图 2-17 所示,并命名为"灯柱"。

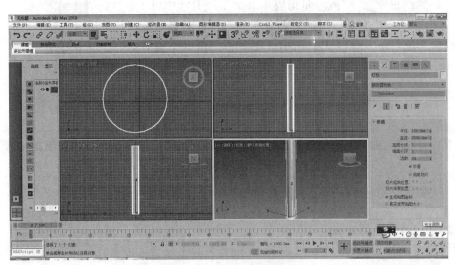

图 2-17　创建灯柱参数设置

(4)创建灯托

在命令面板中单击【创建】→【几何体】→【标准基本体】→【圆锥体】工具按钮,在【顶】视图中创建一个半径 1 为 120mm,半径 2 为 160mm,高为 40mm 的圆锥体,并命名为"灯托"。

(5)对齐灯柱与灯托

选择【灯托】对象,单击【对齐】命令,在【顶】视图中单击【灯柱】,弹出【对齐】对话框，勾选 X 轴、Y 轴方向，使其按【中心】对【中心】对齐，单击【应用】按钮，如图 2-18（a）所示；勾选 Z 轴方向，使其按【最小】对【最大】对齐，如图 2-18（b）所示，点击【应用】按钮，单击【确定】。

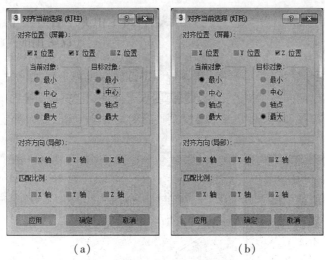

（a）　　　　　　　　　（b）

图 2-18　对齐灯柱与灯托设置

最终，灯柱与灯托的位置如图 2-19 所示。

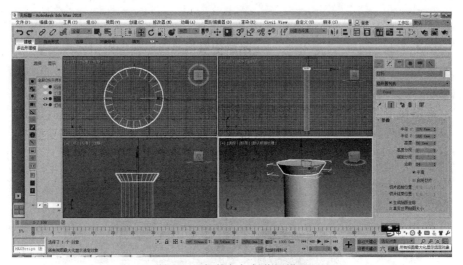

图 2-19　灯柱与灯托位置设置

（6）创建灯管并对齐

在命令面板中单击【创建】→【几何体】→【标准基本体】→【圆柱体】工具按钮，在【顶】视图中创建一个半径为 60mm，高为 100mm 的圆柱体，创建图形和参数设置如图 2-20 所示，并命名为"灯管"。

利用【对齐】、【选择并移动】等工具，调整灯管的位置，使其位于灯托上方正中位置，如图 2-20 所示。

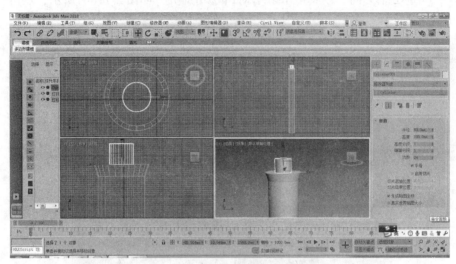

图 2-20 创建灯管并对齐设置

（7）创建灯罩并对齐

①在命令面板中单击【创建】→【几何体】→【标准基本体】→【球体】工具按钮，在【顶】视图中创建一个半径为 250mm，切除为 0.1 的球体，创建图形和参数设置如图 2-21 所示，并命名为"灯罩"。

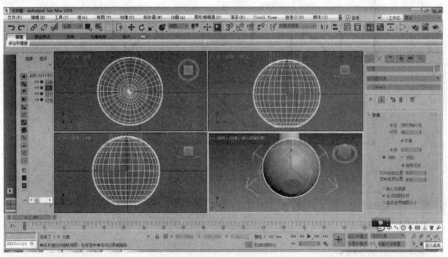

图 2-21 创建灯罩参数设置图

②利用【对齐】、【选择并移动】等工具，调整灯罩的位置，使其位于灯托上方正中位置，如图 2-22 所示。

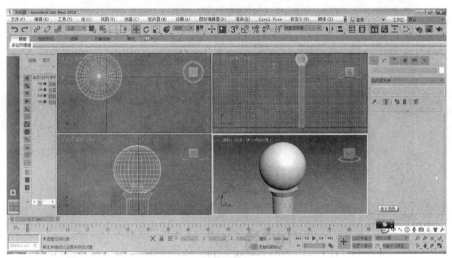

图 2-22 调整后灯罩的位置

（8）模型颜色调整

选中全部场景中对象，统一对颜色进行设置。

（9）保存文件

利用【文件】→【保存】，将模型文件保存到指定位置，命名为"路灯模型"。

 小贴士 ┆【对齐】工具在建模中非常有用，用户可以指定源对象与目标对象的对
┆齐点，从而使源对象的位置与目标对象的位置对齐。

三、扩展基本体建模

（一）扩展基本体

1. 扩展基本体类型

3ds Max 扩展基本体中提供了异面体、切角长方体、油箱体、纺锤体、正多边形体、环形波、软管（即水管物体）、环形结、切角圆柱体、胶囊体、"L"形拉伸体、"C"形拉伸体、棱柱等扩展基本体类型，扩展基本体大多数比标准基本体复杂，边缘圆润参数也较多。

2. 扩展基本体创建

利用 3ds Max 中提供的【创建】→【扩展基本体】菜单或者命令面板中【创建】→【几何体】→【扩展基本体】面板中的工具按钮，如图 2-23 所示。通过鼠标的拖动和参数设置等，可以直接创建出扩展基本体类型的三维对象。

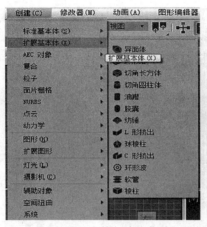 

（a）扩展基本体创建的菜单　　　（b）创建扩展基本体的命令面板

图 2-23　创建扩展基本体的方法

☞ **案例 2-8**　扩展基本体创建

制作要求：新建文件，在该文件中创建异面体、倒角长方体、油箱体、纺锤体、环形波、软管（即水管物体）、环形结、倒角圆柱体、胶囊体、"L"形拉伸体、"C"形拉伸体、棱柱等三维对象。

制作目的：掌握扩展基本体创建和参数修改方法，能进行扩展基本体创建和参数修改。

操作步骤：

（1）启动软件

启动 3ds Max 2018 软件，将【单位设置】中的【显示单位比例】和【系统单位设置】都设置为毫米（mm）。

（2）创建异面体

①在命令面板中单击【创建】→【几何体】→【扩展基本体】→【异面体】工具按钮。

②异面体的创建方法与球体相同。在【顶】视图中拖动鼠标左键，然后松开左键，即可形成异面体。

③选中异面体对象，打开【修改】命令板，在【参数】一栏中，对异面体的【系列】、【半径】等参数进行修改，如图 2-24 所示，即可得到不同类型的异面体，如图 2-25 所示。

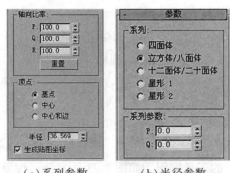

（a）系列参数　　　（b）半径参数

图 2-24　异面体参数设置

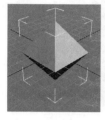  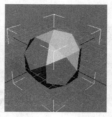 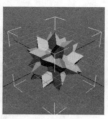 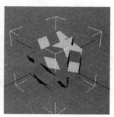

图 2-25 不同类型的异面体

（3）创建切角长方体

①在命令面板中单击【创建】→【几何体】→【扩展基本体】→【切角长方体】工具按钮。

②在【顶】视图中，单击并拖动，然后释放鼠标左键，确定切角长方体的长度和宽度；向上移动鼠标并单击，确定切角长方体的高度；继续移动鼠标并单击，确定切角长方体的圆角大小。

③创建完切角长方体后，利用【修改】面板【参数】卷栏中的参数可以调整切角长方体的效果。【圆角】编辑框用于设置切角长方体各棱圆角的大小，最终效果如图 2-26 所示。

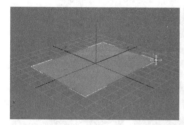 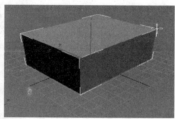 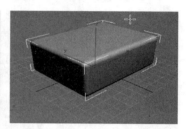

图 2-26 切角长方体创建及其参数修改

（4）创建"L"形体和"C"形体

①使用【扩展基本体】分类中的【L-Ext】和【C-Ext】按钮，可以分别创建"L"形体和"C"形体，如图 2-27 所示，常用作建筑模型中的"L"形墙壁或"C"形墙壁。

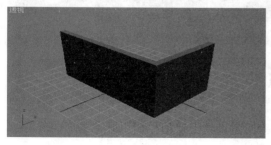 

图 2-27 "L"形体和"C"形体创建

②利用【修改】面板【参数】栏中的参数可以调整二者的效果，图 2-28（a）（b）两图所示

分别为"L"形体和"C"形体的参数及各部分的名称，如图 2-28 所示。

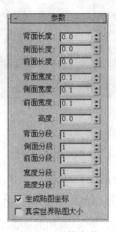

(a)　"L"形体参数　　　　　　(b)　"C"形体参数

图 2-28　"L"形体和"C"形体参数修改

（5）其他扩展基本体创建

①使用"扩展基本体"分类中的【切角圆柱体】、【油罐】、【胶囊】、【纺锤】、【球棱柱】工具，可以分别创建切角圆柱体、油罐、胶囊、纺锤和球棱柱，如图 2-29 所示。这几种三维对象的创建方法与切角长方体相同。利用【修改】面板【参数】栏中的参数可以调整这几种三维对象的效果。

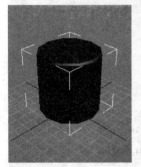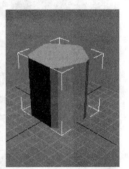

图 2-29　切角圆柱体、油罐、胶囊、纺锤和球棱柱创建

②使用"扩展基本体"分类中【环形波】、【环形结】、【软管】、【棱柱】工具可以分别创建环形波、环形结、软管、棱柱，如图 2-30 所示。利用【修改】面板【参数】一栏中的参数可以调整这几种三维对象的效果。

（6）模型颜色和位置调整

选中场景中模型对象，对模型颜色和位置进行调整。

（7）保存文件

选择【文件】→【保存】，将模型文件保存到指定位置，命名为"扩展基本体"。

图 2-30 环形波、环形结、软管、棱柱创建

 小贴士　扩展基本体的【参数】内容较多，不同的参数设置可以得到不同的三维对象，注意不同对象的参数内容和含义。

（二）扩展基本体建模

在 3ds Max 中可以使用单个扩展基本体对象对很多现实中的对象建模，还可以将扩展基本体组合拼建，建立相对复杂的模型，满足三维建模需要。

☞ **案例 2-9**　沙发模型创建

制作要求：利用【切角长方体】、【复制】、【移动】、【切角圆柱体】、【对齐】等工具命令，拼建制作沙发模型，沙发模型效果如图 2-31 所示。

图 2-31 沙发模型效果图

制作目的：掌握【切角长方体】、【复制】、【移动】、【切角圆柱体】、【对齐】等工具命令含义和使用方法，能进行【切角长方体】、【复制】、【移动】、【切角圆柱体】、【对齐】等命令的使用。

操作步骤：

（1）创建文件

启动 3ds Max 2018 软件，重置文件。

（2）设置单位

将【单位设置】中的【显示单位比例】和【系统单位设置】都设置为毫米(mm)。

（3）创建沙发底座

在命令面板中单击【创建】→【几何体】→【扩展基本体】→【切角长方体】工具按钮，在【顶】视图中创建一个长为900mm，宽为1800mm，高为200mm的切角长方体，圆角为50，圆角分段为4，创建图形和参数设置如图2-32所示，并命名为"沙发底座"。

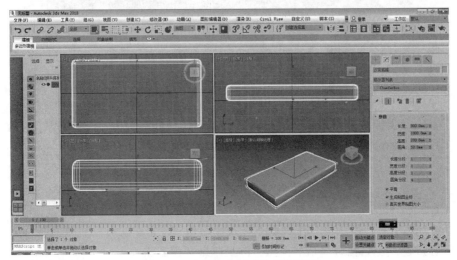

图2-32　沙发底座创建及参数设置

（4）创建沙发坐垫

①利用【切角长方体】工具按钮，在【顶】视图中创建一个长为900mm，宽为600mm，高为150mm的切角长方体，圆角为50，圆角分段为4，并命名为【沙发坐垫】

②利用【移动】工具，将沙发坐垫移动到沙发底座的上端；利用Shift+【移动】工具，复制2个，在视图中调整沙发底座和坐垫的位置，使其分布合理。创建图形和参数设置如图2-33所示。

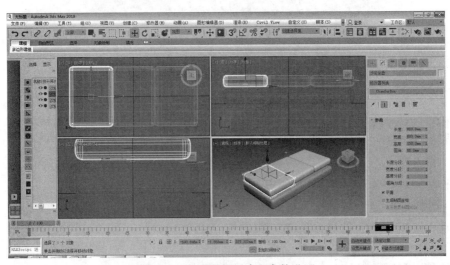

图2-33　沙发坐垫创建及参数设置

（5）创建沙发扶手

①利用【切角长方体】工具按钮，在【顶】视图中创建一个长为 1000mm，宽为 150mm，高为 600mm 的切角长方体，圆角为 50，圆角分段为 4，并命名为"沙发扶手"。

②利用【移动】工具，将沙发扶手移动到合理位置；利用 Shift+【移动】工具，复制 2 个，在视图中调整沙发底座和坐垫的位置，使其分布合理。创建图形和参数设置如图 2-34 所示。

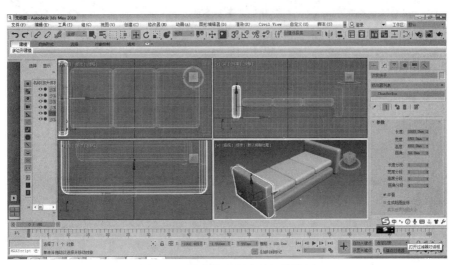

图 2-34　沙发扶手创建及参数设置

（6）创建沙发靠背

①利用【切角长方体】工具按钮，在【顶】视图中创建一个长为 200mm，宽为 1800mm，高为 800mm 的切角长方体，圆角为 50，圆角分段为 4，并命名为"沙发靠背"。

②利用【移动】工具，将沙发靠背移动到合理位置。创建图形和参数设置如图 2-35 所示。

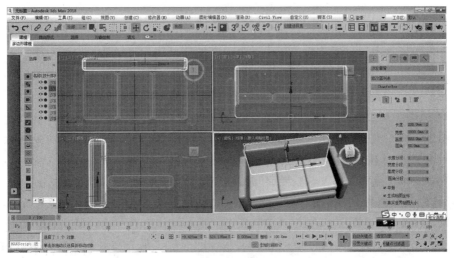

图 2-35　沙发靠背创建及参数设置

（7）创建沙发腿

①利用【切角圆柱体】工具按钮，在【顶】视图中创建一个半径为 50mm，高为 80mm 的切角圆柱体，圆角为 10，圆角分段为 4，边数是 12，并命名为"沙发腿"。

②利用 Shift+【移动】工具，复制 3 个，利用【对齐】等工具在视图中调整沙发底座和沙发腿的位置，使其分布合理。创建图形和参数设置如图 2-36 所示。

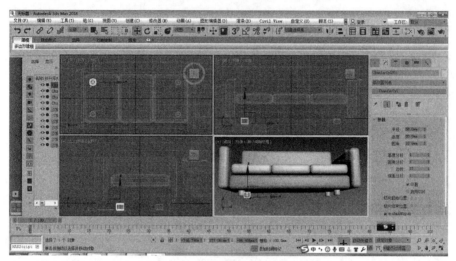

图 2-36　沙发腿创建及参数设置

（8）模型颜色调整

全部选中场景中对象，统一对颜色进行设置。

（9）保存文件

利用【文件】→【保存】，将模型文件保存到指定位置，并命名为"沙发模型"。

四、其他几何体建模

为了方便用户高效、快捷地完成工作，3ds Max 2018 提供了一些简单的建筑模型几何体，在大多数场景中，只要将它们稍作调整，就能满足用户建模的需要。

（一）楼梯建模

1. 楼梯类型

利用 3ds Max 中提供的【创建】→【AEC 扩展】→【楼梯】菜单，或者命令面板中【创建】→【几何体】→【楼梯】面板中的工具按钮，可以方便快捷地创建出直线楼梯、"L"形楼梯、"U"形楼梯和螺旋楼梯等一些经典的楼梯类型。

单击【创建】→【几何体】→【楼梯】面板中要制作的楼梯类型，通过鼠标单击并拖动，然后释放鼠标左键，确定直线型楼梯的长度；向上移动鼠标并单击，确定直线型楼梯的宽度；继续向上移动鼠标并单击，确定直线型楼梯的高度，最后对其长宽等参数进行调整，制作出不同造型的楼梯，如图 2-37 所示。

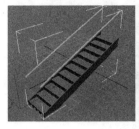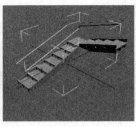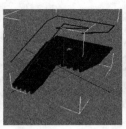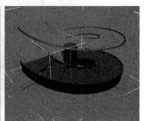

图 2-37　楼梯模型类型

2. 楼梯建模案例

各种楼梯模型的创建方法基本相同，下面主要介绍通过【螺旋楼梯】工具直接创建楼梯。

☞ **案例 2-10**　螺旋楼梯模型创建

制作要求：利用【螺旋楼梯】等工具命令，直接创建楼梯。楼梯模型效果如图 2-38 所示。

图 2-38　螺旋楼梯模型效果图

制作目的：掌握【螺旋楼梯】等工具的命令含义和使用方法，能进行【楼梯】等命令的使用，能进行各种类型楼梯的直接创建。

操作步骤：

(1) 创建文件

启动 3ds Max 2018 软件，重置文件。

(2) 设置单位

将【单位设置】中的【显示单位比例】和【系统单位设置】都设置为厘米 (cm)。

(3) 创建基础楼梯

选择【创建】→【几何体】→【楼梯】→【螺旋楼梯】工具，在【顶】视图中创建一个螺旋楼梯，如图 2-39 所示。

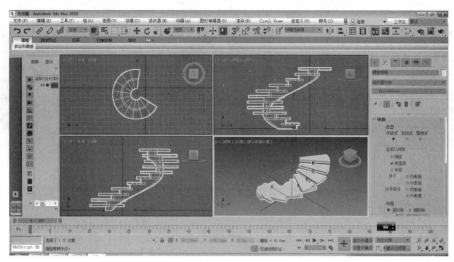

图 2-39 螺旋楼梯

（4）修改楼梯参数

①进入【修改】命令面板，在【参数】栏的【生成几何体】选项组中，勾选【侧旋】复选框和【中柱】复选框，取消勾选【支撑梁】复选框，勾选【扶手路径】下侧的【外表面】复选框，如图 2-40 所示。

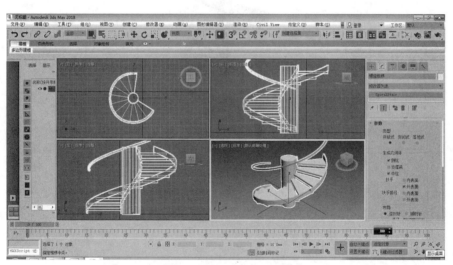

图 2-40 修改楼梯参数

②在【布局】选项组中的【半径】、【旋转】、【宽度】文本框中分别输入"103"，"2"，"860"。

③在【梯级】选项组中单击【竖版高】左侧的【枢轴竖高度】按钮，在【竖板数】文本框中输入"35"。再单击【竖板数】左侧的【枢轴竖板数】按钮，在【总高】文本框中输入"458"，按回车键确认，如图 2-41 所示。

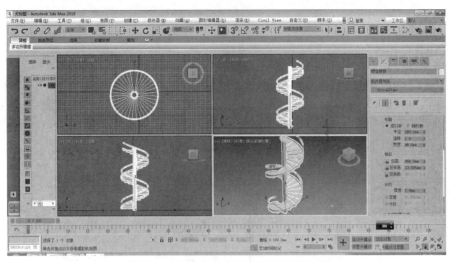

图 2-41　楼梯布局参数和梯级参数修改

④在【台阶】选项组中，【厚度】文本框中输入"5"，勾选【深度】复选框，并在其右侧的文本框中输入"240"，在【栏杆】栏中的【高度】文本框中输入"0"，如图 2-42 所示，并按回车键确认。

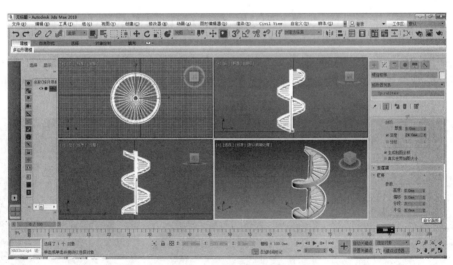

图 2-42　【栏杆】栏中的【高度】参数设置

⑤在【侧旋】栏中的【深度】、【宽度】、【偏移】文本框中分别输入"25"、"3.5"、"5"；在【中柱】栏中的【半径】和【分段】文本框中分别输入"15"、"12"，如图 2-43 所示，并按回车键确认。

（5）模型颜色调整

全部选中场景中对象，统一对颜色进行设置。

（6）保存文件

利用【文件】→【保存】，将模型文件保存到指定位置，命名为"螺旋楼梯模型"。

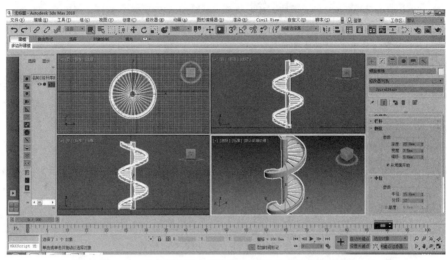

图 2-43　【中柱】栏中的【半径】和【分段】参数设置

(二)门建模

1. 门类型

利用 3ds Max 中提供的【创建】→【AEC 扩展】→【门】各菜单,或者命令面板中【创建】→【几何体】→【门】面板中的各工具按钮,有利于方便快捷地生成各种型号的门模型。主要包括枢轴门、推拉门和折叠门三种样式的门,如图 2-44 所示。使用提供的门模型可以控制门外观的细节,还可以设置为全部打开、部分打开或关闭以及设置打开的动画。

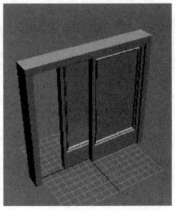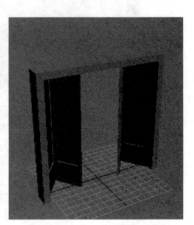

图 2-44　门模型类型

(1)枢轴门

枢轴门只在一侧,用铰链结合。它可以是单向枢轴门,也可以是双项枢轴门;可以向内开,也可以向外开;门的个数是可以设置的,门上的玻璃厚度也可以指定,还可以产生倒角的框边。该门具有两个元素,每个元素在其外缘处用铰链结合。

（2）推拉门

推拉门可以进行滑动，就像在轨道上一样；该门有两个元素，一个保持固定，另一个可以移动。

（3）折叠门

折叠门在中间设置转枢，也可在侧面设置转枢。该门有两个元素，也可以将门制作成四个门元素的双门。

2. 门建模案例

三种门的创建方法完全相同，下面主要介绍通过【枢轴门】工具直接创建门。

☞ **案例 2-11**　枢轴门模型创建

制作要求：利用【枢轴门】等工具命令，直接创建 2 个门模型。门模型效果如图 2-45 所示。

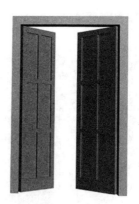

图 2-45　枢轴门模型效果图

制作目的：掌握【枢轴门】等【门】工具命令含义和使用方法，能进行【门】等命令使用，能进行各种类型门的直接创建。

操作步骤：

（1）创建文件

启动 3ds Max 2018 软件，重置文件。

（2）设置单位

将【单位设置】中的【显示单位比例】和【系统单位设置】都设置为厘米（cm）。

（3）创建基础门

①选择【创建】→【几何体】→【门】→【枢轴门】工具，在【顶】视图中单击并拖动，然后释放鼠标左键，确定门的宽度；向上移动鼠标并单击，确定门的深度；继续移动鼠标并单击，确定门的高度。

②重复以上操作，创建第 2 个门模型。最后效果如图 2-46 所示。

（4）修改门参数

①选中创建的第 1 个门单扇门，进入【修改】命令面板，分别对【参数】和【页扇参数】卷展栏中项目进行设置，具体要求如图 2-47 所示。

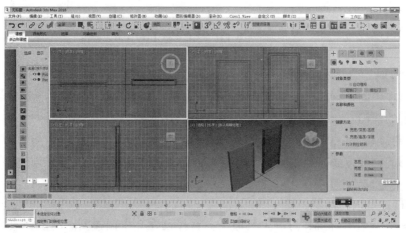

图 2-46　门的效果图

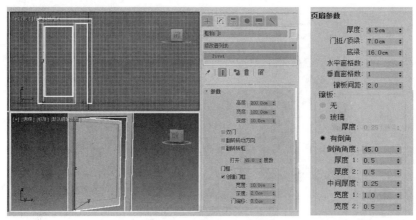

图 2-47　单扇门参数设置

②选中创建的第 2 个门双扇门，进入【修改】命令面板，分别对【参数】和【页扇参数】卷展栏中项目进行设置，具体要求如图 2-48 所示。

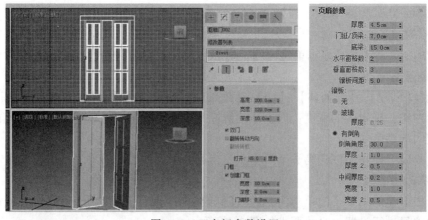

图 2-48　双扇门参数设置

（5）模型颜色调整

选中全部场景中对象，统一对颜色进行设置，最终效果如图 2-45 所示。

（6）保存文件

利用【文件】→【保存】，将模型文件保存到指定位置，命名为"门模型"。

（三）窗建模

1. 窗类型

利用 3ds Max 中提供的【创建】→【AEC 扩展】→【窗】各菜单，或者命令面板中【创建】→【几何体】→【窗】面板中的各工具按钮，有利于方便快捷地生成各种类型的窗模型。主要包括遮篷式窗、平开窗、固定窗、旋开窗、伸出式窗和推拉窗 6 种窗户模型，如图 2-49 所示。

图 2-49　窗模型类型

2. 窗建模案例

6 种窗的创建方法相同，并且与门类似，下面主要介绍通过【遮篷式窗】、【固定窗】及【推拉窗】等工具直接创建窗模型和拼建窗模型。

☞ **案例 2-12**　窗模型创建

制作要求：利用【遮篷式窗】、【平开窗】及【推拉窗】等工具直接创建窗模型，利用单体窗模型拼建复杂窗模型。窗模型效果如图 2-50 所示。

制作目的：掌握各种窗工具命令含义和使用方法，能进行各种类型窗的直接创建；掌握拼建窗模型方法，能利用单体窗模型拼建复杂窗模型。

图 2-50　拼建窗及单体窗模型效果图

操作步骤：

（1）创建文件

启动 3ds Max 2018 软件，重置文件。

（2）设置单位

将【单位设置】中的【显示单位比例】和【系统单位设置】都设置为厘米（cm）。

（3）创建遮篷式窗

①选择【创建】→【几何体】→【窗】→【遮篷式窗】工具，在【顶】视图中单击并拖动，然后释放鼠标左键，确定窗的宽度；向上移动鼠标并单击，确定窗的深度；继续移动鼠标并单击，确定窗的高度，进行遮篷式窗创建。

②选中创建的遮篷式窗，进入【修改】命令面板，对遮篷式窗的【参数】一栏中项目进行设置，模型效果及具体要求如图 2-51 所示。

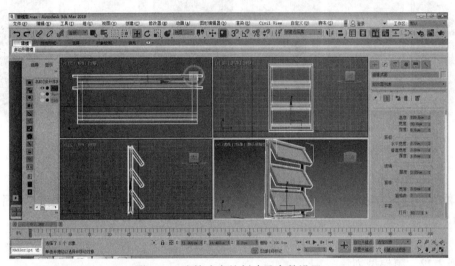

图 2-51　遮篷式窗的创建及参数设置

（4）创建固定窗

选择【创建】→【几何体】→【窗】→【固定窗】工具，在【顶】视图中进行固定窗创建；进入【修改】命令面板，对固定窗的【参数】栏中进行项目设置，模型效果及具体要求如图 2-52 所示。

（5）创建推拉窗

选择【创建】→【几何体】→【窗】→【推拉窗】工具，在【顶】视图，进行推拉窗创建；进入【修改】命令面板，对推拉窗的【参数】栏中项目进行设置，模型效果及具体要求如图 2-53 所示。

（6）拼建窗模型

选择【推拉窗】对象，单击【对齐】命令，在【顶】视图中单击【固定窗】，弹出【对齐】对话框，勾选 X 轴、Y 轴方向，使其按【中心】对【中心】对齐，单击【应用】按钮，如图 2-54（a）所示；勾选 Z 轴方向，使其按【最大】对【最小】对齐，如图 2-54（b）所示，单击【应用】按钮，单击【确定】。

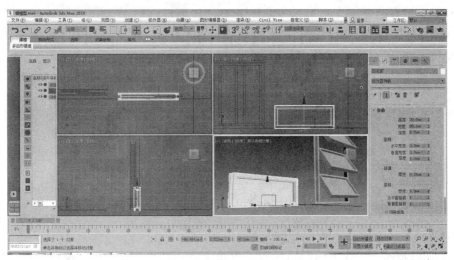

图 2-52　固定窗的创建及参数设置

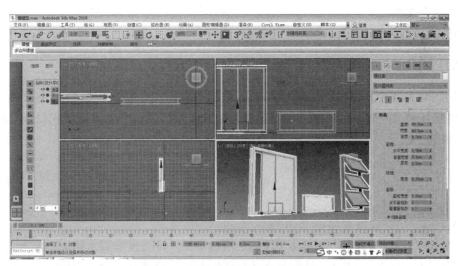

图 2-53　推拉窗的创建及参数设置

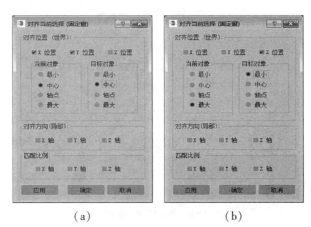

（a）　　　　　　　　　　（b）

图 2-54　固定窗和推拉窗的对齐设置

（7）模型组合调整

①选中【固定窗】和【推拉窗】，选择【组】→【组】命令，在弹出的【组】对话框中，输入组名【窗】，如图 5-55 所示。将固定窗和推拉窗组合为一个整体。

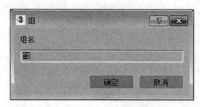

图 5-55　【组】对话框

②选中场景中窗对象，统一对颜色进行设置。

③在【前】视图中，利用【移动】工具，将拼建窗移动到合理位置，最终效果如图 2-49 所示。

（8）保存文件

利用【文件】→【保存】，将模型文件保存到指定位置，命名为"窗模型"。

（四）AEC 扩展建模

利用 3ds Max 中提供的【创建】→【AEC 扩展】→【植物】、【栏杆】、【墙】各菜单，或者命令【创建】→【几何体】→【AEC 扩展】面板中的各工具按钮，有利于方便快捷地生成各种类型的植物、栏杆、墙模型。

1. 植物建模

利用【AEC 扩展】→【植物】按钮，可以创建 3ds Max 2018 植物库中自带的植物模型。

☞ 案例 2-13　植物模型创建

制作要求：利用【植物】等工具直接创建植物模型。植物模型效果如图 2-56 所示。

制作目的：掌握【植物】工具命令含义和使用方法，能进行各种类型植物的直接创建。

图 2-56　植物模型效果图

操作步骤：

（1）植被创建

①单击【AEC 扩展】→【植物】按钮，打开【收藏的植物】一栏；

②单击要创建的植物，然后在【顶】视图中单击鼠标，即可创建该植物模型。

（2）植被修改

进入【修改】命令面板，进行植物的参数修改。创建植物模型如图 2-57 所示。

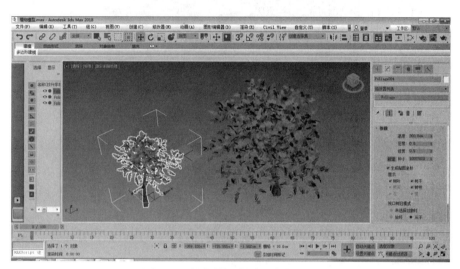

图 2-57　植物模型创建及参数设置

（3）保存文件

利用【文件】→【保存】，将模型文件保存到指定位置，并命名为"植被模型"。

小贴士：3ds Max 中提供了不少专门制作植被的插件，用户可以根据需要进行树木制作。

2. 栏杆建模

使用【AEC 扩展对象】分类中的【栏杆】按钮，可以在场景中创建栏杆。

☞ 案例 2-14　栏杆模型创建

制作要求：利用【栏杆】等工具直接创建栏杆模型。栏杆模型效果如图 2-58 所示。

制作目的：掌握【栏杆】工具命令含义和使用方法，能进行各种类型栏杆的直接创建。

操作步骤：

（1）栏杆创建

①单击【AEC 扩展】→【栏杆】按钮，在【顶】视图中单击并拖动，然后释放鼠标左键，

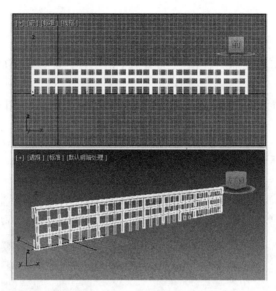

图 2-58　栏杆模型效果图

确定栏杆的长度；

　　②向上移动鼠标到适当位置并单击，确定栏杆的高度，即可创建直线型栏杆。

　　（2）栏杆修改

　　选中栏杆对象，单击【修改】标签进入【修改】命令面板：

　　①在【栏杆】一栏中进行【上围栏】和【下围栏】参数设置，如图 2-59 所示。

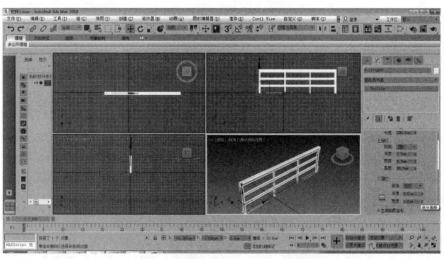

图 2-59　栏杆创建和上、下围栏参数设置

　　②在【立柱】栏中，将【剖面】设置为"圆形"，【深度】输入"2"，宽度输入"2"；

　　③在【栅栏】栏中，将【剖面】设置为"圆形"，【深度】输入"1.5"，宽度输入"1.5"；

单击【支柱间距】按钮，在弹出的对话框中，【计数】输入"10"；如图 2-60 所示；关闭【支柱间距】对话框。

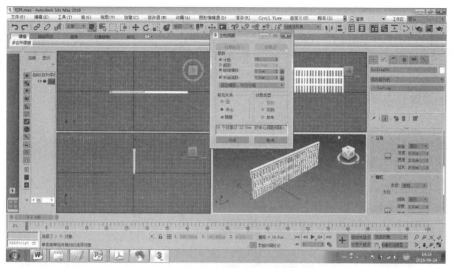

图 2-60　支柱和栅栏参数设置

④在【长度】栏中，【长度】输入"500"，勾选【匹配拐角】复选框，如图 2-61 所示。

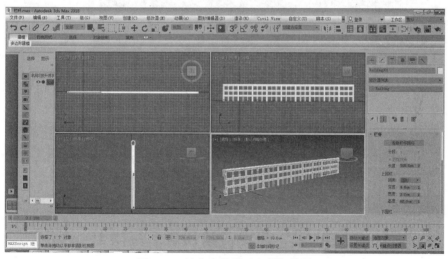

图 2-61　长度参数设置和栏杆效果

小贴士　利用【拾取栏杆路径】按钮，拾取作为栏杆路径的曲线，可以创建具有特殊位置和形状的栏杆。

3. 墙建模

使用【AEC 扩展】对象分类中的【墙】按钮，可以在场景中创建墙壁，进行建筑建模。

☞ **案例 2-15**　墙壁模型创建

制作要求：利用【墙】等工具直接创建墙壁模型。

制作目的：掌握【墙】工具命令含义和使用方法，能进行各种类型墙壁的直接创建，能进行山墙的建立。

操作步骤：

①单击【AEC 扩展】→【墙】按钮；

②在弹出的【参数】栏中，设置墙壁的宽度和高度；

③在【顶】视图中，通过鼠标的单击、移动操作，创建墙壁；

④设置墙壁的修改对象为【剖面】，并选中要创建山墙的墙壁分段，设置山墙的高度，再依次单击【创建山墙】按钮和【删除】按钮，创建墙壁的山墙；

⑤根据要求，进一步调整墙参数，模型效果如图 2-62 所示。

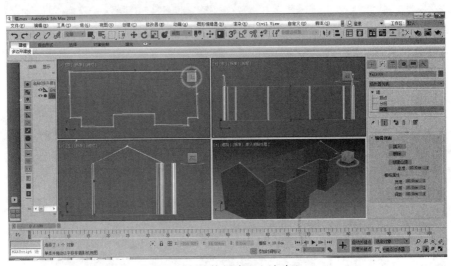

图 2-62　墙体创建和山墙建立

任务 2-2　平面对象创建三维模型

一、二维图形创建

在 3ds Max 中二维图形是一种由一条或多条曲线或直线组成的对象。二维图形是非常重要的对象，是三维模型建立的一个重要基础，可以对二维图形进行编辑加工从而创建三维模型，也可以将它们看做是三维对象在某一视角上的截面。

二维图形在制作中主要用途有：

①作为平面和线条物体；
②作为【挤出】、【车削】和【倒角】等修改器加工成型的截面图形；
③作为放样功能的截面和路径；
④作为摄影机或物体运动的路径。

(一)二维图形类型

3ds Max 2018 为用户提供了多种二维图形类型，【样条线】菜单或面板，提供了【线】、【矩形】、【圆】、【椭圆】、【弧】、【圆环】、【多边形】、【星形】、【文本】、【螺旋线】、【卵形】、【截面】12 种样条线对象，如图 2-63(a)所示；【扩展样条线】菜单或面板，提供了在视图中创建出【墙矩形】、【通道】、【角度】、【T 形】、【宽法兰】5 种扩展样条线对象，如图 2-63(b)所示；NURBS 曲线提供了【点曲线】和【CV 曲线】两种曲线对象。

（a）　　　　　　　　　　（b）

图 2-63　常用二维图形类型

(二)二维图形创建方法

3ds Max 为用户提供了丰富的二维图形建立工具，利用这些工具可以快速准确地建立场景所需的二维图形。同创建三维形体的方法一样，二维图形的创建也是通过调用创建命令面板中的创建命令来实现的。

单击 3ds Max 中提供的【图形】(或【创建】→【扩展图形】)子菜单中相应的命令，或者命令面板中【创建】→【图形】→【样条线】(或【扩展样条线】)的工具按钮，可以直接创建出基本的二维图形对象。

1. 样条线图形创建

基本的创建方法为：
①先在【样条线】命令面板中单击要创建的图形对应的命令按钮；
②在打开的【创建方法】栏中选择二维图形创建方法；
③在视图中单击并拖曳鼠标即可创建：
a. 拖动鼠标一次完成的图形有圆、椭圆、矩形、多边形、文字和截面；
b. 拖动鼠标两次完成的图形有弧线、星形和圆形；
c. 拖动鼠标三次完成的图形有螺旋线。
④单击【修改】标签进入【修改】命令面板，利用【名称和颜色】、【渲染】、【插值】、【参数】等栏中的参数进行二维图形编辑。

☞ **案例 2-16** 样条线图形创建

制作要求：利用【样条线】等工具直接创建二维图形模型，具体如图 2-64 所示。

制作目的：掌握【样条线】工具命令含义和使用方法，能进行各种样式线的直接创建，能进行线的编辑修改。

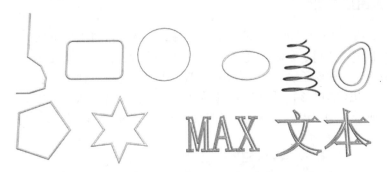

图 2-64 样条线图形制作效果

操作步骤：

（1）创建线

【线】工具是 3ds Max 中最常用的二维图形绘制工具之一，利用该工具，用户可以随心所欲地绘制任何形状的封闭或开放型曲线。

用户可以直接在视图中单击画直线，也可以拖动鼠标绘制曲线，曲线的类型有角点、平滑和 Bezier（贝塞尔曲线）3 种，拖动类型决定了单击并拖动鼠标创建的顶点类型。曲线的顶点有角点、平滑和 Bezier 及 Bezier 角点 4 种类型。图 2-65 为各类型顶点的效果。

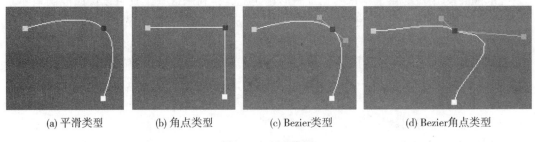

(a) 平滑类型　　　　(b) 角点类型　　　　(c) Bezier类型　　　　(d) Bezier角点类型

图 2-65 顶点类型

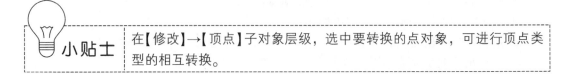

小贴士　在【修改】→【顶点】子对象层级，选中要转换的点对象，可进行顶点类型的相互转换。

①线创建：单击【图形】→【样条线】→【线】按钮，然后在打开的【创建方法】栏中设置线的【初始类型】和【拖动类型】。再在【顶】视图中进行鼠标的单击、移动、拖动等操作即可创建曲线，如图 2-66 所示。

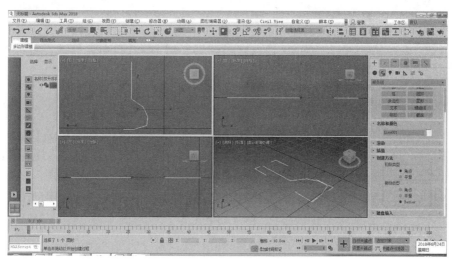

图 2-66　线创建

在【线】按钮的【创建方法】栏中，【初始类型】决定了在创建线时，单击鼠标创建的顶点类型，【拖动类型】决定了单击并拖动鼠标创建的顶点类型。

 小贴士 ｜ 创建线时，按住 Shift 键并拖动鼠标，可创建水平或垂直的线。

②线修改：选中线对象，单击【修改】标签进入【修改】命令面板，利用【名称和颜色】、【渲染】、【插值】、【软选择】、【几何体】、【曲面属性】等栏中的参数可以设置曲线的名称、颜色、截面形状与尺寸等，如图 2-67 所示。

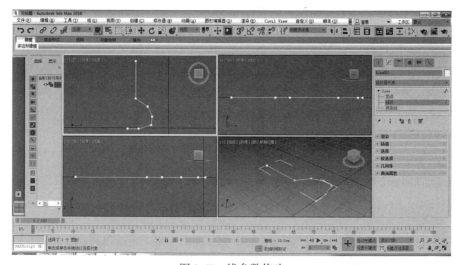

图 2-67　线参数修改

小贴士 ｜ 修改线时，需对【顶点】、【线段】、【样条线】分别修改，每种类型对应的具体参数也不相同。

（2）创建矩形

①矩形创建：单击【图形】→【样条线】→【矩形】按钮，然后在【创建方法】栏中设置矩形的创建方法（默认为"边"），再在【顶】视图中单击并拖动鼠标，到适当位置后释放鼠标左键，即可创建矩形。

②矩形修改：选中矩形对象，单击【修改】标签进入【修改】命令面板，利用【名称和颜色】、【渲染】、【插值】、【参数】等栏中的参数可以设置矩形的名称、颜色与尺寸等，如图2-68所示。

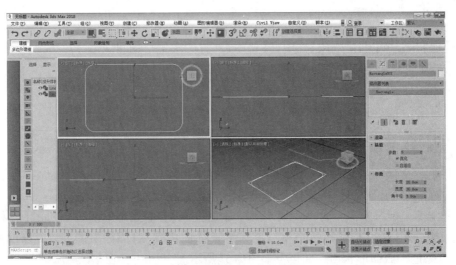

图2-68　矩形创建和参数修改

小贴士 ｜ 创建矩形时，按住Ctrl键拖动鼠标，可创建正方形。

（3）创建圆和椭圆

①圆创建与修改。

单击【图形】→【样条线】→【圆】按钮，在打开的【创建方法】栏中设置圆的创建方法（默认为"中心"），然后在【顶】视图中单击并拖动鼠标，到适当位置后释放鼠标左键，即可创建一个圆。

选中圆对象，单击【修改】标签进入【修改】命令面板，可对该圆的【名称和颜色】、【渲染】、【插值】、【参数】等栏中的参数进行修改。

②椭圆创建与修改。

椭圆的创建方法与矩形类似，单击【图形】→【样条线】→【椭圆】按钮，然后在某一视图中单击并拖动鼠标，即可创建一个椭圆。

椭圆也有两种创建方法，使用"边"方式创建椭圆时相当于创建一个内切于鼠标拖动线框的椭圆，使用"中心"方式创建椭圆时，将以拖动起始点作为椭圆的中心点，以结束点确定椭圆的长轴半径和短轴半径。

选中椭圆对象，单击【修改】标签进入【修改】命令面板，可对该椭圆的【名称和颜色】、【渲染】、【插值】、【参数】等栏中的参数进行修改。

(4)创建星形

单击【图形】→【样条线】→【星形】按钮，在打开的【参数】栏中设置【点】编辑框的值；在视图中单击并拖动鼠标，到适当位置后释放鼠标左键，确定星形一组角点的位置（即"半径1"的大小）；再向星形内部或外部移动鼠标，到适当位置后单击，确定星形另一组角点的位置（即"半径2"的大小），即可创建一个星形。

利用星形【参数】栏中的参数，进行图形的进一步编辑和调整。

(5)其他图形创建

单击【图形】→【样条线】→【多边形】、【文本】、【螺旋线】等按钮，进行其他二维图形的创建，利用【参数】栏中的参数，进行图形的进一步编辑和调整，最终效果如图 2-69 所示。

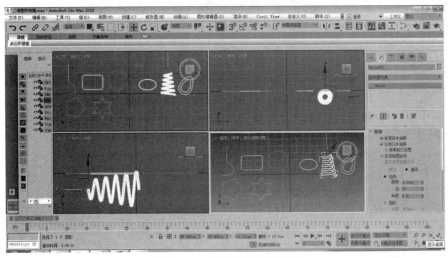

图 2-69　二维平面图形创建

(6)模型颜色调整

选中全部场景中对象，统一对颜色进行设置。

(7)保存文件

利用【文件】→【保存】，将模型文件保存到指定位置，命名为【二维图形模型】。

2. 创建扩展样条线

①选择【图形】→【扩展图形】命令，在弹出的菜单中选择所要的扩展样条线的类型。

②在某一视口中单击并拖动至一定大小后，松开鼠标后再移动，以确定其厚度，然后再单击鼠标完成扩展样条线的创建。

③单击【修改】标签进入【修改】命令面板，在命令面板中修改各对象参数即可。

☞ **案例 2-17**　扩展样条线图形创建

制作要求：利用【扩展样条线】等工具直接创建二维图形模型，具体如图 2-70 所示。

制作目的：掌握【扩展样条线】工具命令的含义和使用方法，能进行各种样式线的直接创建，能进行线的编辑与修改。

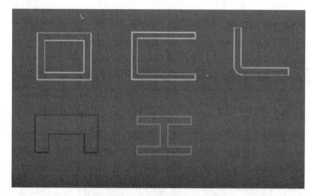

图 2-70　扩展图形制作效果

操作步骤：

（1）创建墙矩形

①单击【图形】→【扩展图形】→【墙矩形】按钮，在打开的【创建方法】栏中设置墙矩形的创建方式；

②单击并拖动鼠标，到适当位置后释放鼠标左键，确定墙矩形的长度和宽度；

③移动鼠标到适当位置并单击，确定墙矩形的厚度；

④利用【参数】栏中的参数，进行图形的进一步编辑和调整。

（2）创建其他图形

①单击【图形】→【扩展图形】→【工字形】、【L 形】等按钮，进行其他扩展二维图形的创建；

②利用【参数】栏中的参数，进行图形的进一步编辑和调整，最终效果如图 2-71 所示。

（3）保存文件

利用【文件】→【保存】，将模型文件保存到指定位置，命名为"扩展图形模型"。

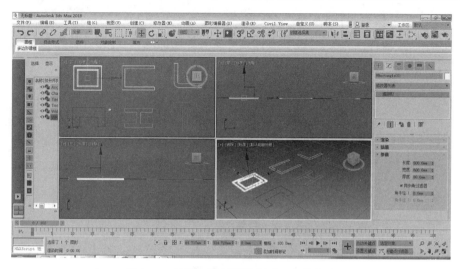

图 2-71　扩展二维图形的创建和参数修改

二、二维图形编辑

(一) 将图形转化为可编辑样条线

创建二维图形后，将图形转换为可编辑样条线，即可对其顶点、线段和样条线等子对象层级进行编辑。将图形转化为可编辑样条线的方法主要有以下两种。

1. 利用右键快捷菜单转换

在【修改】面板的修改器堆栈中，右击要转换的曲线名称，从弹出的快捷菜单中选择【可编辑样条线】菜单项，如图 2-72 所示。

通过此方法将曲线转化为可编辑样条线后，曲线原来的参数将被删除，因此不能再通过修改参数来编辑曲线。

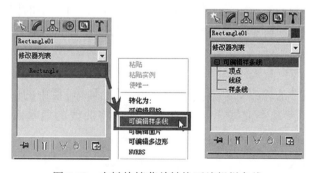

图 2-72　右键快捷菜单转换可编辑样条线

2. 添加【编辑样条线】修改器

为曲线添加【编辑样条线】修改器，即选中要转换的曲线，在【修改器列表】中选择【编辑样条线】，如图 2-73 所示。

该方法不会删除曲线原有参数，但不能将曲线形状的变化记录为动画的关键帧。

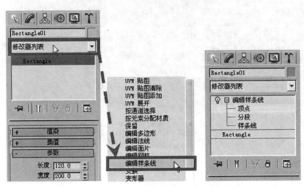

图 2-73　添加编辑样条线修改器

(二) 二维图形编辑

1. 合并图形

复杂二维图形通常由多个基本二维图形构成，利用可编辑样条线【几何体】栏中的【附加】工具可以将多个二维图形合并到同一可编辑样条线中。

2. 删除线段

设置可编辑样条线的修改对象为【线段】，选中图形中希望删除的线段，按 Delete 键（或单击【修改】面板【几何体】栏中的【删除】按钮），即可将其删除。

3. 闭合曲线

(1)【闭合】按钮闭合曲线

设置可编辑样条线的修改对象为【样条线】，选中要闭合的样条线子对象，然后单击【几何体】栏中的【闭合】按钮，即可将开放图形的两端用一条线段闭合起来。

(2)【插入】按钮闭合曲线

设置可编辑样条线的修改对象为【顶点】，单击【几何体】栏中的【插入】按钮，然后单击开放曲线的某一端点，再单击另一端点，在弹出的【是否闭合曲线】对话框中单击【是】按钮，即可闭合曲线。

(3)【连接】按钮闭合曲线

设置可编辑样条线的修改对象为【顶点】，单击【几何体】栏中的【连接】按钮，然后用鼠标在非闭合曲线的两端点间拖出一条直线，即可将曲线的两端点用一条直线段连接起来。

4. 连接曲线

(1)【连接】按钮连接曲线

同使用【连接】按钮闭合曲线的操作一样，首先设置可编辑样条线的修改对象为【顶点】，然后单击【连接】按钮，并用鼠标在样条线端点间拖出一条直线，将二者连接起来。

（2）【端点自动焊接】功能连接曲线

设置可编辑样条线的修改对象为【顶点】，选中【自动焊接】复选框，然后调整【阈值距离】编辑框的值，再拖动一个样条线的某一端点靠近另一样条线的某一端点，当两端点间的距离小于阈值距离时，系统会自动将这两个端点焊接为一个顶点。

5. 插入顶点

（1）【插入】按钮插入顶点

该方法可在为曲线插入顶点的同时调整曲线的形状。单击【几何体】栏中的【插入】按钮，在可编辑样条线上单击，移动鼠标到适当位置单击，在该位置插入顶点；继续移动鼠标并单击，可插入更多顶点；按 Esc 键或单击鼠标右键可结束插入顶点操作。

（2）【优化】按钮插入顶点

这种方法在可编辑样条线的任意位置插入顶点，且不改变曲线形状。单击【几何体】栏的【优化】按钮，在要插入顶点的位置单击鼠标，插入一个新顶点。

（3）【拆分】线段插入顶点

该方法可以插入指定数量的顶点来等距离拆分选中的线段。设置可编辑样条线的修改对象为【线段】，并选中要进行拆分的线段，在【几何体】栏【拆分】按钮右侧的编辑框中设置插入的顶点数（设为 N 时线段将被拆分为 $N+1$ 段），然后单击【拆分】按钮，即可拆分线段。

6. 圆角和切角处理

使用可编辑样条线【几何体】栏中的【圆角】和【切角】按钮可以对顶点进行圆角和切角处理。

7. 熔合处理

利用可编辑样条线【几何体】栏中的【熔合】按钮，可以将选中的顶点熔合起来。设置可编辑样条线的修改对象为【顶点】，然后选中要进行熔合的顶点，并单击【几何体】栏中的【熔合】按钮，即可将所选顶点熔合到一起。

利用可编辑样条线【几何体】栏中的【焊接】按钮，可将多个顶点合并为一个顶点，顶点的数量变为一个。

8. 轮廓处理——偏移复制

利用可编辑样条线【几何体】栏中的【轮廓】按钮可以为选中的样条线子对象创建轮廓（又称偏移复制）。

设置可编辑样条线修改对象为【样条线】，并选中要创建轮廓的样条线子对象，单击【几何体】栏中的【轮廓】按钮，然后在任一样条线上单击并拖动鼠标一段距离，即可为所选样条线创建轮廓曲线。

9. 镜像操作

利用可编辑样条线【几何体】栏中的【镜像】按钮可以对选中的样条线子对象进行镜像处理。

10. 布尔操作

利用可编辑样条线【几何体】栏中的【布尔】按钮，可以对编辑样条线中的两条样条线子对象进行布尔运算。布尔操作有并集、差集和相交三种运算方式。

三、基于二维图形建模

二维图形建模是在二维图形的基础上添加【挤出】、【车削】、【倒角】等修改器命令生成三维模型的过程。

1. 【渲染】属性建模

渲染属性建模是指通过设置【修改】面板上【渲染】栏中的参数来使二维图形以厚度形式来渲染出三维效果。

☞ **案例 2-18** 可渲染属性建模

制作要求：利用【圆】、【圆环】、【星形】等命令按钮直接绘出二维图形，再利用【渲染】栏中的参数渲染出三维效果。具体如图 2-74 所示。

制作目的：掌握【圆】、【圆环】、【星形】等命令按钮含义和使用方法，能进行二维线的编辑修改；掌握【渲染】栏中的参数设置，能利用【渲染】栏中的参数设置渲染出三维效果。

图 2-74 可渲染属性建模效果

操作步骤如下：

（1）二维图形创建

①单击【图形】→【圆】，在【前】视图中，通过【键盘输入】栏，X、Y、Z 输入"0"，【半径】输入"100"，单击【创建】，创建出半径为 100 的圆；

②单击【图形】→【星形】，在【前】视图中，通过【键盘输入】栏，X、Y、Z 输入"0"，【半径 1】输入"110"，【半径 2】输入"60"，【圆角半径 1】输入"20"，【圆角半径 2】输入"0"，单击【创建】，创建星形；

③单击【图形】→【圆环】，在【前】视图中，通过【键盘输入】卷展栏，X、Y、Z 输入"0"，【半径 1】输入"60"，【半径 2】输入"40"，单击【创建】，创建圆环；

④全部选中图形，统一调整各对象的颜色，最终效果如图 2-75 所示。

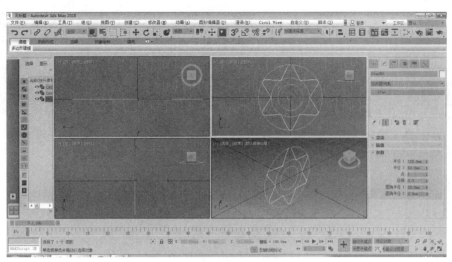

图 2-75 二维图形创建

（2）可渲染属性建模

转化为可编辑样条线：选中【圆】对象，在【修改】面板中，单击右键，将其转换为【可编辑样条线】，如图 2-76 所示；重复以上方法，将【星形】和【圆环】分别转换为【可编辑样条线】。

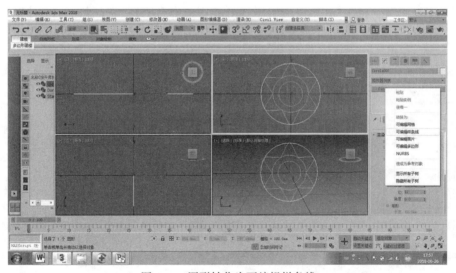

图 2-76 图形转化为可编辑样条线

（3）图形合并

①选择圆形，进入【修改】面板，在卷展栏中找到【几何体】，单击【附加多个】按钮，弹出【附加多个】对话框，如图 2-77 所示。

②在【附加多个】对话框中，选择星形和圆环对象，单击【附加】按钮。三个图形附加为一个整体。

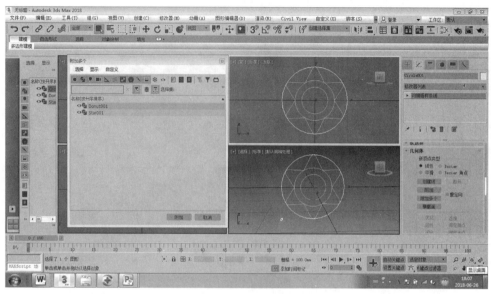

图 2-77 图形合并

（4）【渲染】属性建模

选中对象，单击【修改】标签进入【修改】命令面板，选中【可编辑样条线】，在【渲染】栏中进行参数修改；选中【在渲染中启用】和【在视口中启用】；在【径向】中，【厚度】设置为"15"，【边】设置为"24"，【角度】设置为"30"，具体如图 2-78 所示。

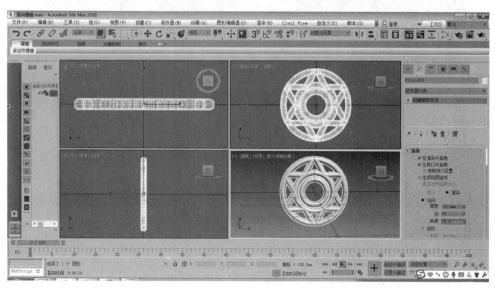

图 2-78 渲染参数设置

（5）渲染输出

①利用【渲染】→【环境】菜单，打开【环境和效果】对话框，将【公用参数】→【背景】中

的颜色修改为白色；

②选中【透】视图，利用【渲染】→【渲染】菜单或单击 F9 键，进行图形的渲染输出；

③保存渲染输出的结果为 JPG 文件，命名为"渲染模型"。

（6）保存文件

利用【文件】→【保存】，将模型文件保存到指定位置，命名为"渲染模型"。

2.【车削】修改器建模

利用【车削】修改器可以将二维图形或 NURBS 曲线沿一条旋转轴旋转任意度数，以生成不同的三维对象，是常用的二维图形建模工具之一。【车削】修改器常用于制作轴对称几何体，如柱子、花坛、餐具、台灯等。

☞ **案例 2-19**　车削建模

制作要求：利用【线】等命令按钮绘制二维图形；进入【修改】面板，对二维图形进行修改调整；利用【车削】修改器生成三维模型，具体如图 2-79 所示。

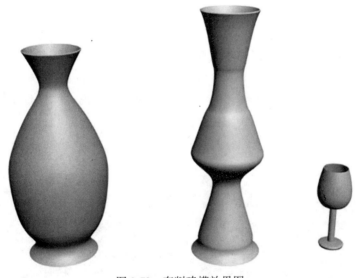

图 2-79　车削建模效果图

制作目的：掌握【线】等命令按钮使用方法，能进行二维线的编辑修改；掌握【车削】修改器的使用方法，能利用【车削】修改器生成三维模型。

操作步骤：

（1）启动软件

启动 3ds Max 2018 软件，将【单位设置】中的【显示单位比例】和【系统单位设置】都设置为毫米（mm）。

（2）创建花瓶剖面路径线

①启用【捕捉】工具按钮，选择【创建】→【图形】→【线】工具按钮；

②在【前】视图中单击拖动鼠标左键，创建如图 2-80 所示的样条线，作为花瓶剖面路径线。

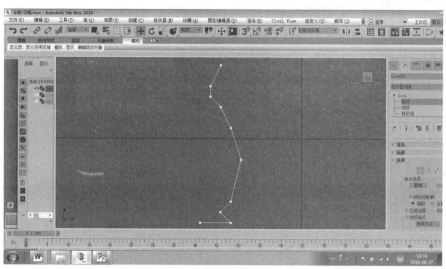

图 2-80　花瓶剖面路径线创建

（3）修改花瓶剖面路径线

①选中样条线，进入【修改】命令面板，在【选择】栏中单击【顶点】按钮；

②如图 2-81 所示，选中最上面的 1 个点，单击右键，通过右键菜单，将其类型设置为【Bezier 角点】，最底端 2 个点类型不变，选中中间的 7 个点，通过右键菜单，将其类型设置为【平滑】；

③通过【选择并移动】工具按钮，调整各顶点的位置，最终结果如图 2-81 所示；

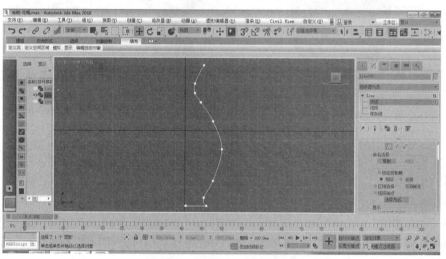

图 2-81　花瓶剖面路径线修改

④打开【修改】命令板中【插值】栏，将【步数】中的值改为"32"；

⑤单击【选择】栏中【样条线】按钮，打开下边【几何体】栏，单击其中【轮廓】按钮，将其右边值改为"5"，按回车键。轮廓值设置和剖面线效果如图 2-82 所示。

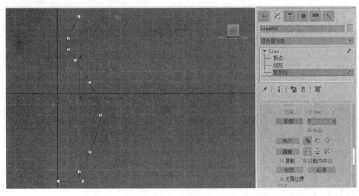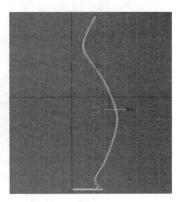

图 2-82 轮廓值设置和剖面线效果

(4)车削建模

①退出子对象修改,回到【line】层级;

②选择【修改器列表】下拉列表框中的【车削】修改器;

③在【车削】的【参数】栏中,单击【方向】选项组中的【Y】按钮,单击【对齐】选项组中的【最小】按钮,将【分段】中的值改为"32",【度数】为"360"度,效果如图 2-83 所示。

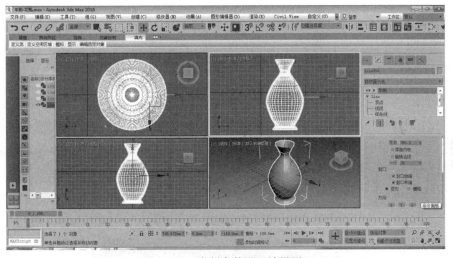

图 2-83 车削参数设置效果图

(5)车削模型的调整

若对车削模型不满意,退出【车削】修改器,再选择【line】下的【顶点】子层次,可选择要调整的顶点进行进一步调整,直到效果满意。

(6)重复车削建模

重复以上步骤,绘制其他剖面路径线并进行修改,同时设置轮廓的数值。重复利用【车削】修改器进行其他模型的建立,结果如图 2-84 所示。

(7)保存文件

利用【文件】→【保存】,将模型文件保存到指定位置,命名为"车削模型"。

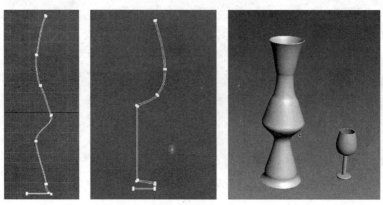

图 2-84　其他车削模型建立

小贴士　利用【车削】修改器建模，模型剖面路径线创建是关键。

3.【挤出】修改器建模

【挤出】修改器能够为二维图形增加厚度，使二维图形产生底面和侧面，生成参数化几何体。在 3ds Max 中编辑修改器的用途十分广泛。其中，最常用到的操作就是增厚二维图形，以生成棱角鲜明的几何体。

☞ **案例 2-20**　挤出建模

制作要求：利用【弧】、【矩形】、【圆】等命令按钮绘制二维图形；进入【修改】面板，对二维图形进行修改调整；利用【挤出】修改器生成站台三维模型；利用【阵列】、【移动】等进行站台模型整体效果建立。具体如图 2-85 所示。

图 2-85　站台模型效果图

制作目的：掌握【弧】、【矩形】、【圆】等命令按钮的使用方法，能进行二维线的编辑修改；掌握【挤出】修改器的使用方法，能利用【挤出】修改器生成三维模型，能利用【阵列】、【移动】等进行模型整体效果建立。

操作步骤：

(1)启动软件

启动 3ds Max 2018 软件，将【单位设置】中的【显示单位比例】和【系统单位设置】都设置为毫米(mm)。

(2)创建挤出剖面图

①在【左】视图中，选择【创建】→【图形】→【弧】工具按钮；单击并拖动鼠标左键，创建一条弧线，作为站台顶梁。

②选中创建的弧线，在【修改】命令面板【参数】栏中，进行参数设置，具体半径为"2000"，从"60"到"120"，如图 2-86 所示。

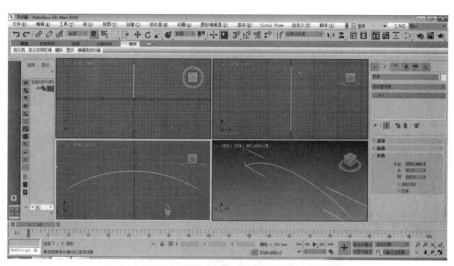

图 2-86　站台顶梁平面图形的创建和参数设置

③通过 Shift 键和【移动】工具按钮，将制作的弧线复制一条，命名为"顶盖"。

④将"顶梁"弧和"顶盖"弧，在【修改】命令面板中单击右键，分别转换为【可编辑样条线】。

⑤选中"顶梁"弧，在【修改】面板下，选择【可编辑样条线】的【样条线】子对象，打开下边【几何体】栏，单击其中的【轮廓】按钮，将其右边值改为"100"，按回车键。轮廓值设置和剖面线效果如图 2-87 所示。

⑥选中"顶盖"弧，在【修改】面板下，选择【可编辑样条线】的【样条线】子对象，打开下边【几何体】栏，单击其中的【轮廓】按钮，将其右边值改为"80"，按回车键。轮廓值设置和剖面线效果如图 2-88 所示。

(3)顶梁和顶盖挤出建模

①选中"顶梁"弧，选择【修改器列表】下拉列表框中的【挤出】修改器，挤出【数量】设置为"100"，效果如图 2-89 所示。

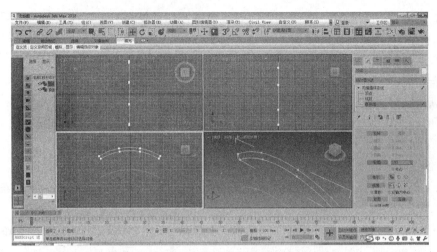

图 2-87　站台顶梁轮廓值设置和剖面线效果

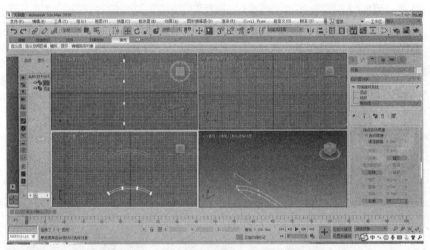

图 2-88　站台顶盖轮廓值设置和剖面线效果

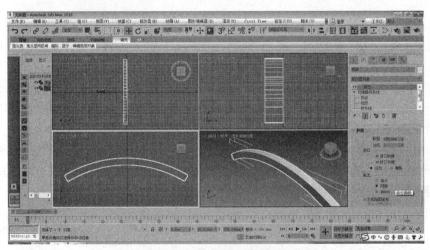

图 2-89　站台顶梁的挤出效果

②选中"顶盖"弧，选择【修改器列表】下拉列表框中的【挤出】修改器，挤出【数量】设置为"5000"，效果如图 2-90 所示。

（4）顶梁移动和复制

①在【左】视图，利用【移动】工具，调整顶梁垂直方面的位置，使其位于顶盖之上；在【顶】视图中，调整顶梁在水平方面的位置。最终效果如图 2-91 所示。

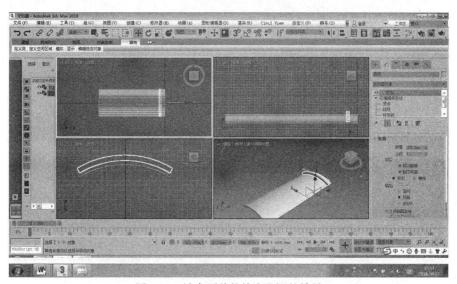

图 2-90　站台顶盖的挤出和调整效果

②选中"顶梁"对象，单击【阵列】工具，打开【阵列】对话框，阵列复制 5 个顶梁。【阵列】对话框中参数设置和阵列复制效果如图 2-91 所示。

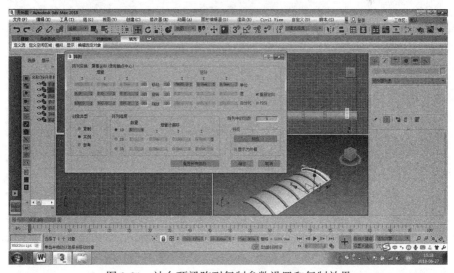

图 2-91　站台顶梁阵列复制参数设置和复制效果

③调整顶梁和顶盖的位置，车站顶部模型建立完成。

（5）纵梁挤出建模

①在【左】视图中，选择【创建】→【图形】→【矩形】工具按钮；单击拖动鼠标，创建一个矩形，作为站台纵梁；在【修改】命令面板下【参数】栏中，进行参数设置，矩形长为"300"，宽为"100"；

②通过 Shift 键和【移动】工具按钮，调整纵梁和顶盖的位置。最终效果如图2-92所示。

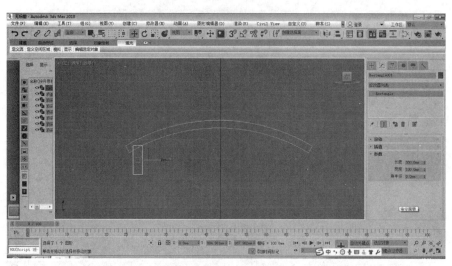

图 2-92   纵梁和顶盖的位置

③选中"纵梁"矩形，选择【修改器列表】下拉列表框中的【挤出】修改器，挤出【数量】设置为"5000"。效果如图 2-93 所示。

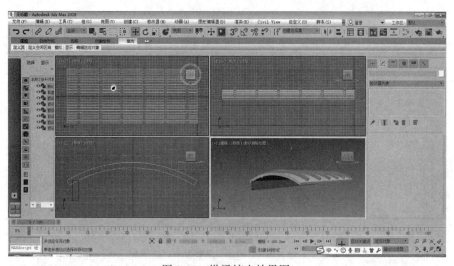

图 2-93   纵梁挤出效果图

（6）支柱挤出建模

①在【顶】视图中，选择【创建】→【图形】→【矩形】工具按钮；单击拖动鼠标，创建一

个矩形，作为站台支柱；在【修改】命令面板下【参数】栏中，进行参数设置，矩形长为"100"，宽为"200"，角半径为"30"。

②选中"支柱"矩形，选择【修改器列表】下拉列表框中的【挤出】修改器，挤出【数量】设置为"2000"。

③通过 Shift 键和【移动】工具按钮，移动复制其他的支柱，并将顶盖前端的支柱的挤出【数量】修改为"2300"。最终效果如图 2-94 所示。

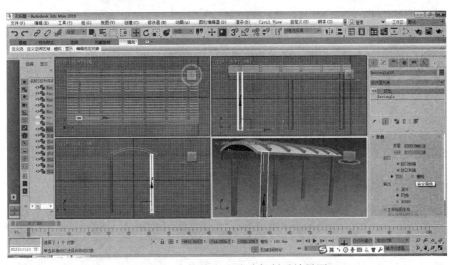

图 2-94　支柱挤出和移动复制后效果图

（7）广告牌挤出建模

①在【前】视图中，选择【创建】→【图形】→【矩形】工具按钮；单击拖动鼠标，创建一个矩形，作为广告牌；在【修改】命令面板下【参数】栏中，进行参数设置，矩形长为"1300"，宽为"4200"，角半径为"30"。

②选中"广告牌"矩形，选择【修改器列表】下拉列表框中的【挤出】修改器，挤出【数量】设置为60。

③用【移动】工具按钮，调整广告牌位置。效果如图 2-95 所示。

（8）长凳挤出建模

①在【前】视图中，选择【创建】→【图形】→【矩形】工具按钮；单击拖动鼠标，创建一个矩形，作为长凳；在【修改】命令面下【参数】栏中，进行参数设置，矩形长为"100"，宽为"4500"，角半径为"30"。

②选中"长凳"矩形，选择【修改器列表】下拉列表框中的【挤出】修改器，挤出【数量】设置为"500"。

③利用【移动】工具按钮，调整长凳位置。效果如图 2-96 所示。

（9）模型颜色等效果调整

选中场景中模型对象，对模型颜色、位置等进行进一步调整。

（10）保存文件

利用【文件】→【保存】，将模型文件保存到指定位置，命名为"站台模型"。

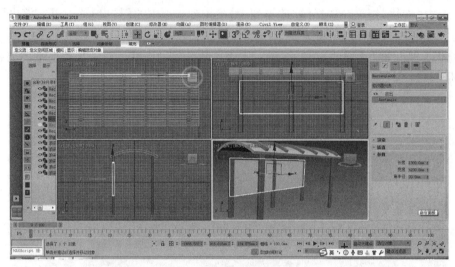

图 2-95　广告牌制作效果图

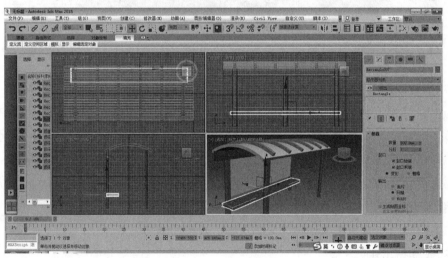

图 2-96　长凳效果图

 小贴士｜利用【挤出】修改器建模，关键一是绘制模型的剖面二维图形，关键二是【挤出】中数量的设置。

4.【倒角】修改器建模

【倒角】修改器同【挤出】修改器的工作原理基本相同，但该修改器除了能够将图形挤压生成三维形体外，还可以使三维形体生成带有斜面的倒角效果。

【倒角】修改器可以对任意形状的二维图形进行倒角操作，以二维图形作为基面挤压

98

生成三维几何体。用户可以在基面的基础上挤压出 3 个层次，并设置每层的轮廓数值。该修改器常用于创建倒角文字和标志。

☞ **案例 2-21**　三维文字模型

制作要求：利用【矩形】、【文本】等命令按钮绘制二维图形；进入【修改】面板，对二维图形进行修改调整；利用【倒角】修改器生成三维文字模型；利用【移动】、【旋转】等进行三维文字模型整体效果建立。具体如图 2-97 所示。

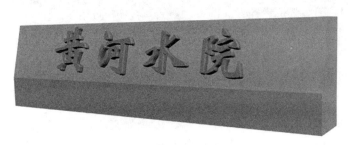

图 2-97　三维文字模型效果图

制作目的：掌握【矩形】、【文本】等命令按钮的使用方法，能进行二维线的编辑修改；掌握【倒角】修改器的使用方法，能利用【倒角】修改器生成三维模型，能利用【旋转】、【移动】等进行模型整体效果建立。

操作步骤：

（1）启动软件

启动 3ds Max 2018 软件，将【单位设置】中的【显示单位比例】和【系统单位设置】都设置为毫米（mm）。

（2）创建墙面模型

①在【左】视图中，选择【创建】→【图形】→【矩形】工具按钮；单击拖动鼠标左键，创建矩形；

②选中创建的矩形，在【修改】命令面板下【参数】栏中，进行参数设置，长为"1000"，宽为"500"。

③选中矩形，在【修改】命令面板中单击右键，分别转换为【可编辑样条线】；

④在【修改】面板下，选择【可编辑样条线】的【顶点】子对象，打开下边【几何体】卷展栏，单击其中【优化】按钮，在矩形边上单击鼠标左键添加顶点，并移动各顶点位置，最终结果如图 2-98 所示。

⑤退回到【可编辑样条线】，选择【修改器列表】下拉列表框中的【挤出】修改器，挤出【数量】设置为"4000"。

（3）绘制二维文字

①【前】视图中，选择【创建】→【图形】→【文本】工具按钮；单击拖动鼠标，创建文字。

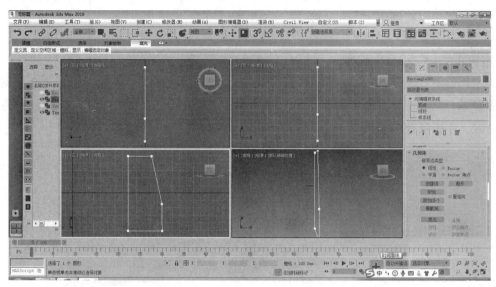

图 2-98　矩形顶点的编辑

②选中创建的文字，在【修改】命令面板中进行修改，在【参数】栏中，在字体下拉列表中选择【华文新魏】，大小为"600"，间距为"70"；在【文本】中输入【黄河水院】，如图 2-99 所示。

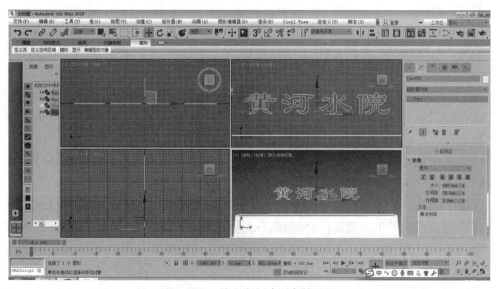

图 2-99　二维文字创建和参数设置

（4）创建三维文字

①选中绘制的二维文字，选择【修改器列表】下拉列表框中的【倒角】修改器，并设置其参数。具体如图 2-100 所示。

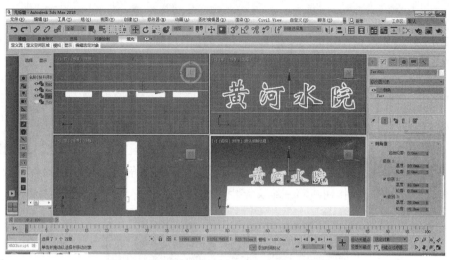

图 2-100　三维文字创建效果和倒角修改器参数设置

②利用【移动】、【旋转】，调整三维文字的位置，使其镶嵌入墙面，效果如图 2-101 所示。

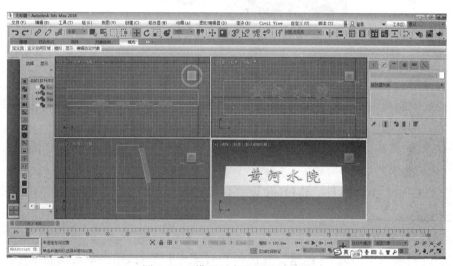

图 2-101　模型对齐和调整后效果

（5）保存文件

利用【文件】→【保存】，将模型文件保存到指定位置，命名为"三维文字模型"。

 小贴士
【倒角】修改器建模中，【起始轮廓】是指设置轮廓从原始图形的偏移距离，非零设置会改变原始图形的大小。

5.【倒角剖面】修改器建模

【倒角剖面】修改器使用另一个图形路径作为【倒角截剖面】来挤出一个图形。它是【倒角】修改器的一种变量，但同【倒角】编辑修改器相比较，【倒角剖面】编辑修改器具有编辑方法更为灵活的特点。

☞ **案例 2-22**　牌匾模型

制作要求：利用【矩形】、【文本】等命令按钮绘制二维图形，利用【线】绘制图形路径；进入【修改】面板，对二维图形进行修改调整；利用【倒角剖面】修改器制作牌匾模型；利用【移动】、【对齐】等按钮进行三维文字模型整体效果建立。具体如图 2-102 所示。

图 2-102　牌匾模型效果图

制作目的：掌握【矩形】、【文本】、【线】等命令按钮的使用方法，能进行二维图形和图形路径的绘制和编辑修改；掌握【倒角剖面】修改器的使用方法，能利用【倒角剖面】修改器生成三维模型，能利用【移动】、【对齐】等进行模型整体效果建立。

操作步骤：

（1）启动软件

启动 3ds Max 2018 软件，将【单位设置】中的【显示单位比例】和【系统单位设置】都设置为毫米（mm）。

（2）绘制牌匾截剖面

①在【前】视图中，选择【创建】→【图形】→【矩形】工具按钮；单击拖动鼠标左键，创建矩形。

②选中创建的矩形，在【修改】命令面板中【参数】栏中，进行参数设置，长为"800"，宽为"1800"。

（3）绘制剖面路径

①在【前】视图中，选择【创建】→【图形】→【线】工具按钮；单击拖动鼠标左键，创建剖面路径。

②利用【选择并移动】工具按钮，调整剖面路径顶点位置。矩形和剖面路径最终效果如图 2-103 所示。

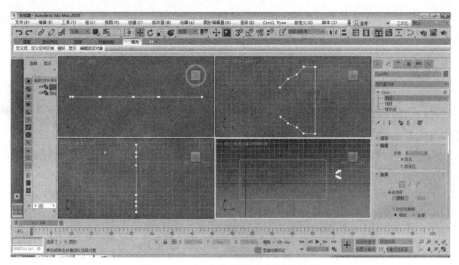

图 2-103　矩形和剖面路径最终效果

（4）牌匾建模

①选中绘制矩形，选择【修改器列表】下拉列表框中的【倒角剖面】修改器，在【参数】卷展栏中，选中【经典】。

②在【经典】参数栏中单击【拾取剖面】按钮，在【前】视图中单击所绘制的剖面路径线作为剖面样条线，结果如图 2-104 所示。

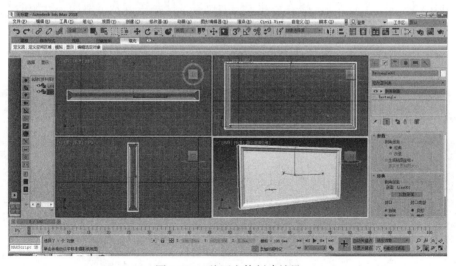

图 2-104　牌匾主体创建效果

（5）创建三维牌匾文字

①【前】视图中，选择【创建】→【图形】→【文本】工具按钮；单击拖动鼠标，创建文字。

②选中创建的文字，在【修改】命令面板中进行修改，在【参数】卷展栏中，在字体下

拉列表中选择【华文新魏】,大小为"400",间距为"-50";在【文本】中输入"中华老字号",如图2-105所示。

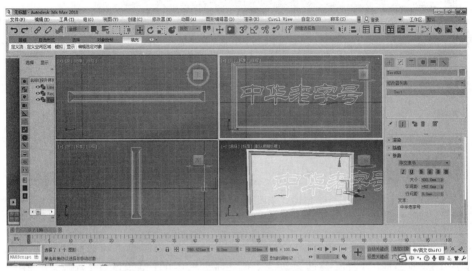

图2-105 牌匾二维文字的创建和参数设置

③选中绘制二维文字,选择【修改器列表】下拉列表框中的【挤出】修改器,在【参数】卷展栏中,设置【数量】为"30"。

④利用【移动】、【对齐】,调整三维文字的位置,使其镶嵌入牌匾中,并中心对齐。

(6)调整模型

调整模型的整体效果,如图2-106所示。

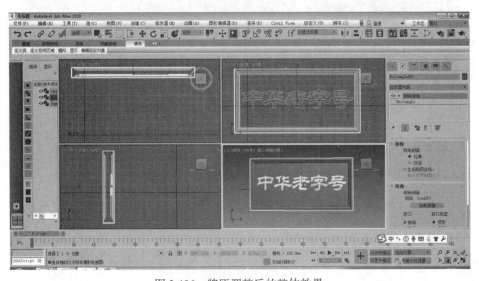

图2-106 牌匾调整后的整体效果

(7)保存文件

利用【文件】→【保存】，将模型文件保存到指定位置，命名为"牌匾模型"。

小贴士　【倒角剖面】修改器建模中，制作成型后，作为倒角剖面的轮廓线不能删除，删除后，则倒角剖面失败。

任务 2-3　高级建模

一、修改器建模

修改器是 3ds Max 建模中非常重要的工具，无论是建模型还是制作动画，都经常需要利用修改器对模型进行修改。

(一)认识修改器

1. 初识修改器

修改器是可以对模型进行编辑，改变其几何形状及属性的命令。修改器可以在【修改】面板中的【修改器列表】中进行加载，也可以在【菜单栏】→【修改器】菜单下进行加载，这两个地方的修改器完全一样。

修改器面板，即【修改】面板，是使用修改器时最常用的面板。它由【修改器列表】、【修改器堆栈】、【修改器控制按钮】及【参数列表】几部分组成，如图 2-107 所示。

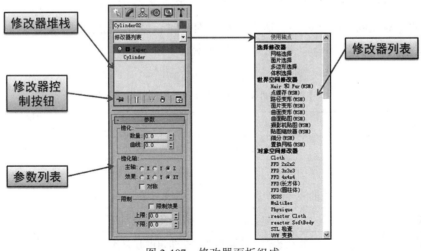

图 2-107　修改器面板组成

2. 修改器加载

一个对象可以添加一个或多个修改器。为对象加载修改器的方法非常简单。选择一个对象后，进入【修改】面板，然后单击【修改器列表】后面的下拉按钮，在弹出的下拉列表中选择相应的修改器，即可完成修改器加载。

加载多个修改器时，修改器的排列顺序非常重要，先加入的修改器位于修改器堆栈的下方，后加入的修改器则在修改器堆栈的顶部，不同的顺序对同一物体起到的效果是不一样的。

3. 修改器状态

在修改器堆栈中可以观察到每个修改器前面都有个【小灯泡】图标，这个图标表示这个修改器的【启用】或【禁用】状态。

当小灯泡显示为亮的状态时，代表这个修改器是启用的；当小灯泡显示为暗的状态时，代表这个修改器被禁用了。单击这个小灯泡即可切换启用和禁用状态。

4. 修改器种类

修改器有很多种，按照类型的不同被划分在几个修改器集合中。在【修改】面板下的【修改器列表】中，3ds Max 将这些修改器默认分为【选择修改器】、【世界空间修改器】和【对象空间修改器】3 大部分。

（1）选择修改器

【选择修改器】集合中包括【网格选择】、【面片选择】、【多边形选择】和【体积选择】4 种修改器。

（2）世界空间修改器

【世界空间修改器】集合基于世界空间坐标，而不是基于单个对象的局部坐标系。当应用了一个世界空间修改器之后，无论物体是否发生了移动，它都不会受到任何影响。

（3）对象空间修改器

【对象空间修改器】集合中的修改器非常多。这个集合中的修改器主要应用于单独对象，使用的是对象的局部坐标系，因此当移动对象时，修改器也会跟着移动。

【对象空间修改器】集合中常用的修改器见表 2-1。

表 2-1　　　　　　　　　　　　　【对象空间修改器】集合中常用的修改器

修改器名称	主要作用	重要程度
挤出	为二维图形添加深度	高
倒角	将图形挤出为 3D 对象，并应用倒角效果	高
车削	绕轴旋转一个图形或 NURBS 曲线来创建 3D 对象	高
弯曲	在任意轴上控制物体的弯曲角度和方向	高
扭曲	在任意轴上控制物体的扭曲角度和方向	高
对称	围绕特定的轴向镜像对象	高

续表

修改器名称	主要作用	重要程度
置换	重塑对象的几何外形	中
噪波	使对象表面的顶点随机变动	中
FFD	自由变形物体的外形	高
晶格	将图形的线段或边转化为圆柱形结构	高
平滑	平滑几何体	高
优化	减少对象中面和顶点的数目	中
融化	将现实生活中的融化效果应用到对象上	中
倒角剖面	使用另一个图形路径作为倒角的截剖面来挤出一个图形	中

(二) 修改器建模

修改器是 3ds Max 建模中非常重要的工具，合理地应用修改器可以快速提高建模的效率。在实际应用中，建模过程往往需要各种修改器配合使用。

☞ **案例 2-23**　电视塔模型

制作要求：利用【矩形】、【线】等命令按钮绘制二维图形；进入【修改】面板，对二维图形进行修改调整；利用【车削】修改器制作三维模型；利用【晶格】修改器等进行模型整体效果建立。具体如图 2-108 所示。

图 2-108　电视塔模型效果图

制作目的：掌握【矩形】、【文本】、【线】等命令按钮使用方法，能进行二维图形和图形路径的绘制和编辑修改；掌握【倒角剖面】修改器的使用方法，能利用【倒角剖面】修改器生成三维模型，能利用【移动】、【对齐】等进行模型整体效果建立。

操作步骤：

（1）启动软件

启动 3ds Max 2018 软件，将【单位设置】中的【显示单位比例】和【系统单位设置】都设置为米（m）。

（2）绘制电视塔剖面

①在【前】视图中，选择【创建】→【图形】→【线】工具按钮；单击拖动鼠标左键，创建电视塔剖面线。

②在【修改】命令面板中【Line】的【顶点】子层级，利用【选择并移动】工具按钮，调整剖面路径顶点位置。剖面路径最终效果如图 2-109 所示。

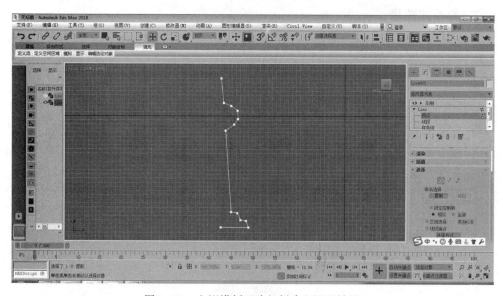

图 2-109　电视塔剖面路径创建和调整效果

（3）车削建模

①回到【line】层级，选择【修改器列表】下拉列表框中的【车削】修改器；

②在【车削】的【参数】卷展栏中，单击【方向】选项组中的【Y】按钮，单击【对齐】选项组中的【最小】按钮，将【分段】中的值改为"12"，【度数】为"360"度。效果如图 2-110 所示。

（4）晶格修改器修改

①利用 Shift 键+【选择并移动】工具按钮，复制一个模型对象；

②选择【修改器列表】下拉列表框中的【晶格】修改器；

③在【晶格】的【参数】卷展栏中，进行【几何体】、【支柱】、【节点】等参数设置，效果

如图 2-111 所示。

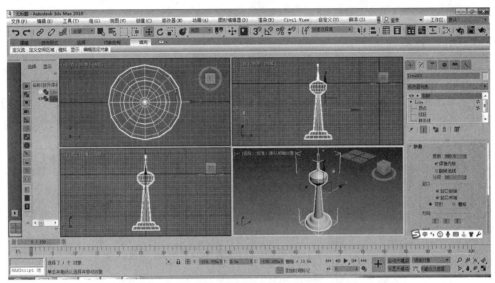

图 2-110 电视塔车削建模

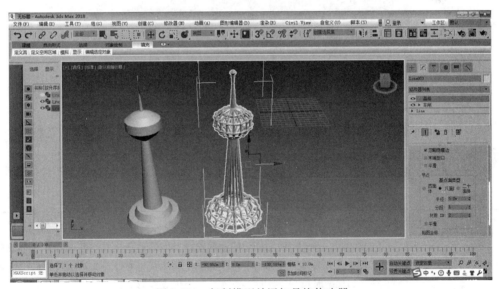

图 2-111 复制模型并添加晶格修改器

(5)模型调整

①对模型颜色进行调整；

②利用【对齐】工具按钮，使晶格修改后模型和车削模型 X、Y、Z 三个方向中心对齐。效果如图 2-108 所示。

(6)保存文件

利用【文件】→【保存】，将模型文件保存到指定位置，命名为"牌匾模型"。

二、复合对象建模

(一)认识复合对象

1. 初识复合对象

复合对象通常将两个或多个现有对象组合成单个对象。在 3ds Max 中,利用【创建】面板下【几何体】中的【复合对象】(或【创建】→【复合】菜单)都可以调用复合对象功能,如图 2-112 所示。

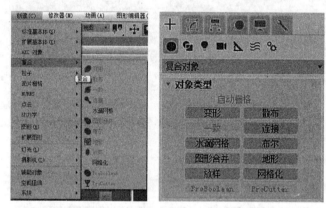

图 2-112　复合菜单和复合对象面板

2. 复合对象类型

在 3ds Max 2018 中,提供了变形、散布、一致、连接、水滴网格、布尔、图形合并、地形、放样、网格化、ProBoolean 和 ProCutter 共 12 种复合对象,具体见表 2-2。

表 2-2 复合对象类型

序号	类型	功　能
1	变形	【变形】是一种与 2D 动画中的中间动画类似的动画技术。可以合并两个或多个对象,方法是插补第一个对象的顶点,使其与另外一个对象的顶点位置相符。如果随时执行这项插补操作,将会生成变形动画
2	散布	【散布】是复合对象的一种形式,将所选的源对象散布为阵列,或散布到分布对象的表面
3	一致	【一致】是通过将某个对象(称为【包裹器】)的顶点投影至另一个对象(称为【包裹对象】)的表面而创建。此功能还有一个空间扭曲版本,请参见一致空间扭曲
4	连接	【连接】可通过对象表面的【洞】连接两个或多个对象。要执行此操作,请删除每个对象的面,在其表面创建一个或多个洞,并确定洞的位置,以使洞与洞之间面对面,然后应用【连接】

序号	类型	功　　能
5	布尔	【布尔】可以通过对两个或更多对象执行布尔操作,将其合并到一个网格
6	水滴网格	【水滴网格】可以通过几何体或粒子创建一组球体,还可以将球体连接起来,就好像这些球体是由柔软的液态物质构成的一样。如果球体在离另外一个球体的一定范围内移动,它们就会连接在一起。如果这些球体相互移开,将会重新显示球体的形状
7	图形合并	使用【图形合并】来创建包含网格对象和一个或多个图形的复合对象。这些图形嵌入在网格中(将更改边与面的模式)或从网格中消失
8	地形	【地形】使用等高线数据创建行星曲面
9	放样	【放样】是沿着第三个轴挤出的二维图形。从两个或多个现有样条线对象中创建放样对象。沿着路径排列图形时,3ds Max 会在图形之间生成曲面
10	网格化	【网格】以每帧为基准将程序对象转化为网格对象,这样可以应用修改器,如弯曲或 UVW 贴图。它可用于任何类型的对象,但主要为使用粒子系统而设计。【网格】对于复杂修改器堆栈的低空的实例化对象同样有用
11	ProBoolean/ ProCutter 复合对象	【ProBoolean】和【ProCutter】提供了将 2D 和 3D 形状组合在一起的建模工具,这是很难或不可能使用其他工具做到的

(二)放样建模

1. 放样建模的含义

【放样】是使二维图形沿用户自定义的放样路径产生三维模型。放样路径可以是任意形状的一条曲线,并且放样允许在放样路径上指定多个完全不同的二维图形作为截面图形,从而得到各种形状的三维模型。

在进行放样时,必须有适当的三维图形作为横截面和路径。作为路径的二维图形称为Path,在一个放样物体中只能有一个;而用作横截面的二维图形称为 Shape,可以包括几个不同的二维图形作横截面。路径和截面图形既可以是封闭的也可以是开放的。

2. 放样建模的方法

(1)创建放样对象

①创建作为放样路径的图形;

②创建作为放样的一个或者多个图形。

(2)选择路径

选择任意一个路径或横截面图形

(3)启用【放样】

启用【放样】,选择【创建】→【复合】→【放样】命令(或命令面板中【创建】→【几何体】→【复合对象】中的【放样】命令按钮):

①如果所选取的图形是用来作为横截面，就单击【获取路径】，采用拾取路径方法。

②如果所选择的图形是用来作为路径，就单击【获取图形】，采用拾取图形方法。

 小贴士 【放样】建模时，不论采用哪种方法，第一个选取的图形都会留在原地，第二个选择的图形会移到配合第一个图形的位置。

3. 放样建模案例

☞ **案例 2-24** 高架路模型

制作要求：利用【线】等命令按钮绘制二维图形；进入【修改】面板，对二维图形进行修改调整；利用【放样】复合对象进行三维模型创建，利用【栏杆】进行模型直接创建；利用【对齐】、【移动】等进行高架路模型整体效果建立，具体如图 2-113 所示。

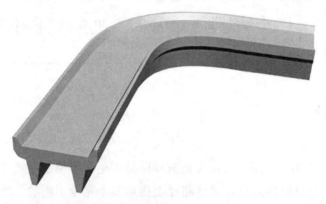

图 2-113 高架路模型效果图

制作目的：掌握【线】、【栏杆】、【放样】、【移动】、【对齐】等命令按钮的使用方法，能进行放样截面图和放样路径的绘制和编辑修改；能进行放样建模和高架路模型整体效果的建立。

操作步骤：

(1)启动软件

启动 3ds Max 2018 软件，将【单位设置】中的【显示单位比例】和【系统单位设置】都设置为米(m)。

(2)绘制放样截面图

①在【前】视图中，选择【创建】→【图形】→【线】工具按钮；单击拖动鼠标左键，创建高架路的截面图；

②在【修改】命令面板中【Line】的【顶点】子层级，利用【选择并移动】工具按钮，调整截面路径顶点位置。剖面路径最终效果如图 2-114 所示。

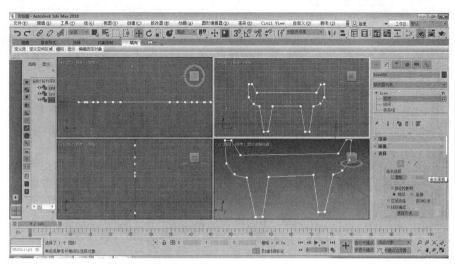

图 2-114　高架路剖面路径制作

（3）绘制放样路径

在【顶】视图中，选择【创建】→【图形】→【线】工具按钮；单击拖动鼠标左键，创建高架路的路径图，并在【修改】命令面板中进行编辑修改，效果如图 2-115 所示。

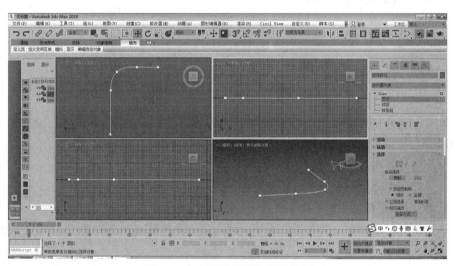

图 2-115　高架路放样路径的绘制

（4）放样建模

①在【顶】视图中，选中绘制的高架路的【放样路径】；

②选择【创建】→【复合】→【放样】命令（或命令面板中【创建】→【几何体】→【复合对象】中的【放样】命令按钮）；

③在【创建方法】参数中，单击【获取图形】；

④顶】视图中，选择绘制的高架路的【截面图】，采用拾取图形方法放样建模，如图 2-116所示。

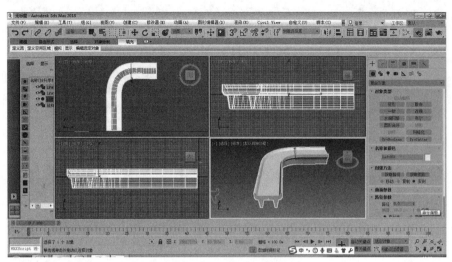

图 2-116 高架路放样建模效果

（5）模型修改

①如模型不满意，可以回到【Line】子层级，对模型截面和路径进行进一步编辑修改。

②对模型颜色和名称等修改。

（6）保存文件

利用【文件】→【保存】，将模型文件保存到指定位置，命名为"高架路模型"。

（三）布尔建模

1. 布尔建模的含义

布尔可以通过对两个或更多对象执行布尔操作，将其合并到一个网格，其操作方法主要有【并集】、【交集】、【差集】、【合并】、【附加】、【插入】，其特点如下：

并集：结合两个对象的体积。几何体的相交部分或重叠部分会被丢弃。

交集：使两个原始对象共同的重叠体积相交。剩余几何体会被丢弃。

差集：从基础（最初选定）对象移除相交的体积。

合并：使两个网格相交并组合，而不移除任何原始多边形。在相交对象的位置创建新边。

附加：将多个对象合并成一个对象，而不影响各对象的拓扑；各对象实质上是复合对象中的独立元素。

插入：从操作对象 A（当前结果）减去操作对象 B（新添加的操作对象）的边界图形，操作对象 B 的图形不受此操作的影响。

2. 布尔建模的方法

①在视口中根据需要创建并合并源对象；

②选择基础对象；

③选择【创建】→【复合】→【布尔】命令（或命令面板中【创建】→【几何体】→【复合对象】中的【布尔】命令按钮）；

④在【布尔参数】卷展栏中，单击【添加操作对象】按钮从视口或场景资源管理器中选择另一个对象以添加到复合对象；

⑤在【参数】卷展栏上，选择要执行的布尔操作，即【并集】、【交集】、【差集】、【合并】、【附加】、【插入】，并启用【盖印】或【切面】选项(如果需要)；

⑥更改参数。操作对象保留为布尔对象的子对象。双击该子对象以更改参数并使用变换工具。通过修改布尔操作对象子对象的创建参数，可以随时更改操作对象几何体，以便更改布尔结果或设置布尔结果的动画。

 小贴士　【布尔】操作可用于可编辑样条线和实体对象；原始的对象是操作对象，而布尔型对象自身是运算的结果。

3. 布尔建模案例

☞ **案例 2-25**　建筑模型主体

制作要求：利用【长方体】、【矩形】等命令按钮绘制二维图形；进入【修改】面板，对二维图形进行修改调整；利用【布尔】进行对象的操作，创建三维模型，简单建筑模型主体效果如图 2-117 所示。

图 2-117　简单建筑模型主体效果图

制作目的：掌握【长方体】、【矩形】、【移动】、【对齐】、【布尔】等命令按钮使用方法，能进行布尔对象制作和建立修改；能进行布尔建模和简单建筑模型主体效果建立。

操作步骤：

(1)启动软件

启动 3ds Max 2018 软件，将【单位设置】中的【显示单位比例】和【系统单位设置】都设置为厘米(m)。

(2)绘制建筑整体图

①在【顶】视图中，选择【创建】→【几何体】→【标准基本体】→【长方体】工具按钮；单击拖动鼠标左键，创建矩形；在【修改】命令面板中进行参数调整，【长度】为"30"，【宽

度】为"30"，【高度】为"200"，命名为"建筑主体"，如图 2-118 所示。

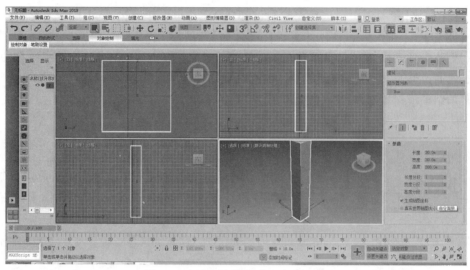

图 2-118　建筑主体创建和参数设置

②在【顶】视图中，选择【创建】→【几何体】→【标准基本体】→【长方体】工具按钮；单击拖动鼠标左键，创建矩形；在【修改】命令面板中进行参数调整，【长度】为"50"，【宽度】为"50"，【高度】为"10"。命名为"楼层布尔"。

③ 移动【楼层布尔】长方体到建筑位置，具体如图 2-119 所示。

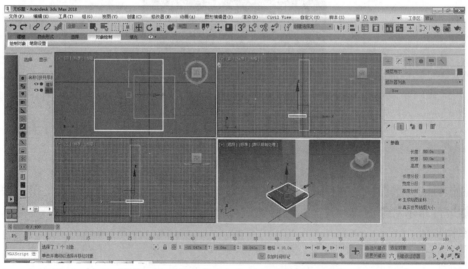

图 2-119　楼层布尔长方体创建和参数设置

④在【前】视图中，利用【阵列】命令，在 Y 方向上阵列 10 个对象，对象总距离为"100"，如图 2-120 所示。

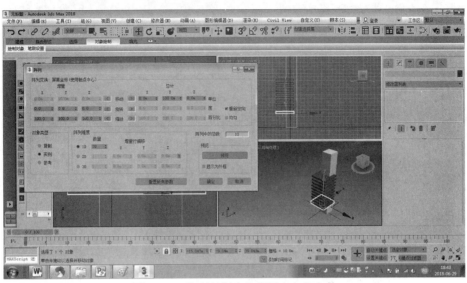

图 2-120　阵列复制多个楼层布尔长方体

⑤在【前】视图中，利用【复制】命令，复制一个【楼层布尔】长方体对象，并将其参数中【高度】修改为"30"，如图 2-121 所示。

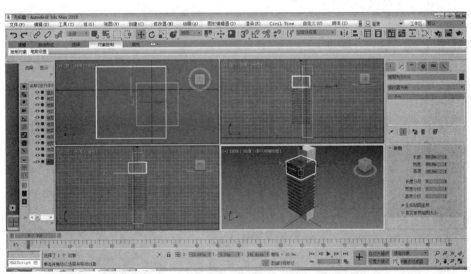

图 2-121　顶部布尔长方体创建和参数设置

（3）楼层布尔模型创建

①选中【建筑】墙体；

②选择【创建】→【复合】→【布尔】按钮，单击【运算对象参数】参数卷展栏中的【差集】按钮；

③在【布尔参数】卷展栏中单击【添加运算对象】按钮，一次单击复制的【楼层布尔】长方体；结果如图 2-122 所示。

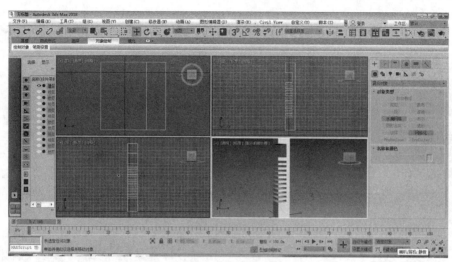

图 2-122 楼层布尔操作结果

（4）底部布尔模型创建

①在【顶】视图中，选择【创建】→【几何体】→【标准基本体】→【长方体】工具按钮；单击并拖动鼠标左键，创建矩形；在【修改】命令面板中进行参数调整，【长度】为"18"，【宽度】为"40"，【高度】为"30"。

②重复该步骤，再创建一个长方体，在【修改】命令面板中进行参数调整，【长度】为"15"，【宽度】为"40"，【高度】为"30"。

③调整两个长方体位置，如图 2-123 所示。

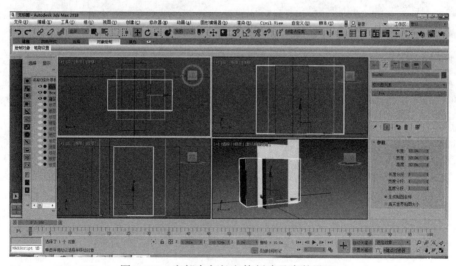

图 2-123 底部布尔长方体创建及参数设置

（5）底部布尔模型创建

①选中【建筑】墙体；

②选择【创建】→【复合】→【布尔】按钮，单击【运算对象参数】卷展栏中的【差集】

按钮；

③在【布尔参数】卷展栏中单击【添加运算对象】按钮，依次单击创建的 2 个长方体，结果如图 2-124 所示。

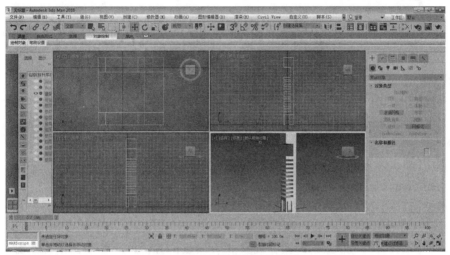

图 2-124 底部布尔操作结果

（6）保存文件

利用【文件】→【保存】，将模型文件保存到指定位置，命名为"建筑主体模型"。

☞ **案例 2-26** 别墅模型制作

制作要求：利用【线】、【矩形】等命令按钮绘制二维图形；进入【修改】面板，对二维图形进行修改调整；利用【挤出】、【放样】等创建三维模型，利用【布尔】进行对象的操作，创建三维模型，简单建筑模型整体效果如图 2-125 所示。

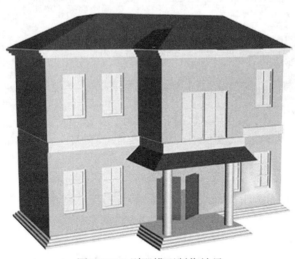

图 2-125 别墅模型制作效果

制作目的：掌握【线】、【矩形】、【挤出】、【放样】、【移动】、【对齐】、【布尔】等命令按钮的使用方法，能进行布尔对象制作和建立修改；能进行布尔建模和简单建筑模型整体效果建立。

操作步骤如下：

(1)启动软件

启动 3ds Max 2018 软件，将【单位设置】中的【显示单位比例】和【系统单位设置】都设置为厘米(cm)。

(2)绘制建筑墙体平面图形

①在【顶】视图中，选择【创建】→【图形】→【样条线】→【矩形】工具按钮；单击拖动鼠标左键，创建矩形；在【修改】命令面板中进行参数调整，矩形【长度】为"500"，【宽度】为"1200"；

②利用【修改器列表】，将矩形转化为【可编辑样条样】；

③利用 Shift 键+【选择并移动】工具按钮，复制一个矩形图形；

④选中【修改】命令面板中 Line 的【顶点】子层级，单击【几何体】卷展栏中的【优化】按钮，在一个矩形边中插入 4 个顶点；

⑤利用【选择并移动】工具按钮，调整插入顶点位置，最终绘制图形效果如图 2-126 所示。

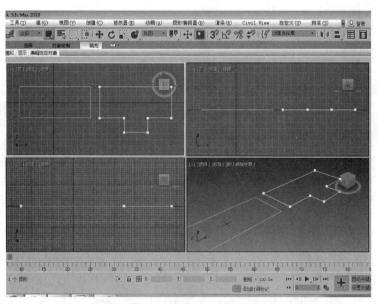

图 2-126　别墅楼层轮廓线绘制

⑥复制这两个创建的编辑样条线，选中后单击右键，在快捷菜单中，选择【隐藏选定对象】，隐藏图形备用。

(3)创建建筑墙体轮廓

①选中【修改】命令面板中 Line 的【样条线】子层级，单击【几何体】卷展栏中的【轮廓】按钮，在其右侧的框中输入"25"，并按回车键；

②重复以上步骤，为另一条样条线设置值为 25 的轮廓，如图 2-127 所示。

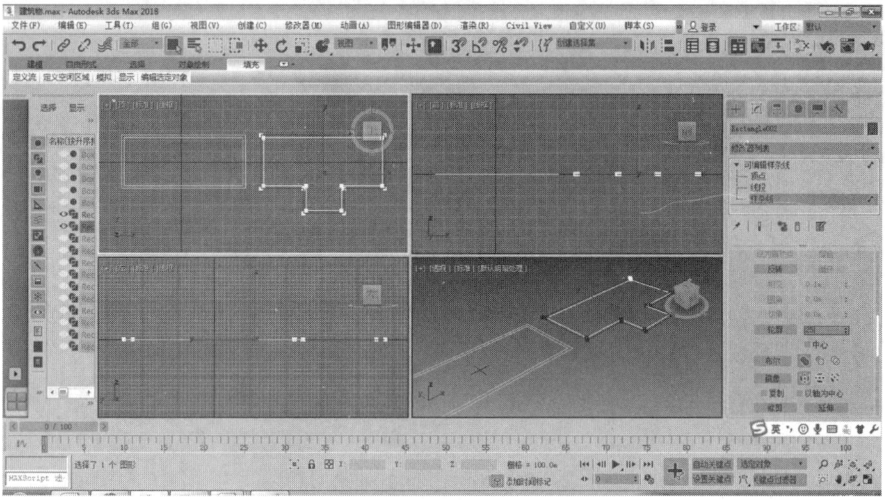

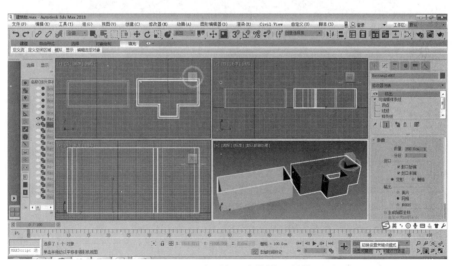

图 2-127 为别墅轮廓线添加轮廓

（4）创建墙体模型

①返回【编辑样条线】层级，选中矩形轮廓线，选择【修改器列表】下拉列表框中的【挤出】修改器，将其【参数】中的【数量】值设为"300"，命名为"1 层"；

②选中另一条墙体轮廓线，添加【挤出】修改器，【数量】为"300"，命名为"2 层"，挤出效果如图 2-128 所示。

图 2-128 别墅楼层墙体模型制作

（5）建筑门窗布尔对象创建

① 在【顶】视图中，利用【扩展基本体】→【长方体】创建一个长为 80，宽度为 220，高度为 200 的长方体，命名为"门布尔"，并移动到墙体突出的位置，如图 2-129 所示。

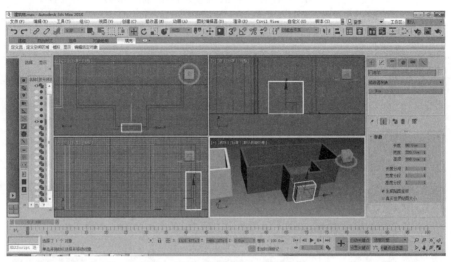

图 2-129 建筑门布尔对象创建

② 在【前】视图中，利用【扩展基本体】→【长方体】创建一个长为 80，宽度为 100，高度为 180 的长方体，命名为"窗布尔"，利用【移动】、【镜像】等命令按钮复制 3 个，并移动到墙体的位置，如图 2-130 所示。

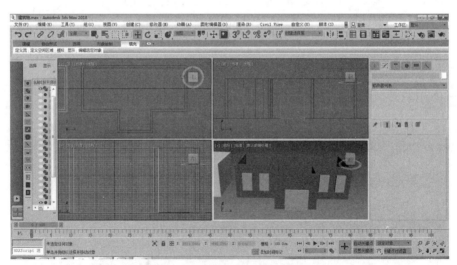

图 2-130 建筑窗布尔对象创建

（6）建筑门洞、窗洞创建

①选中挤出的【2 层】墙体；

②选择【创建】→【复合】→【布尔】按钮，单击【运算对象参数】卷展栏中的【差集】按钮；

③在【布尔参数】卷展栏中单击【添加运算对象】按钮，依次单击【门布尔】和【窗布尔】长方体，门洞和窗洞出现。

④重复以上步骤，对 1 层墙体进行门洞和窗洞创建，结果如图 2-131 所示。

（7）门窗创建

①选择【创建】→【窗】→【固定窗】，在【顶】视图中，创建窗模型，通过复制、移动，安放到墙体合适位置。窗参数设置和位置如图 2-131 所示。

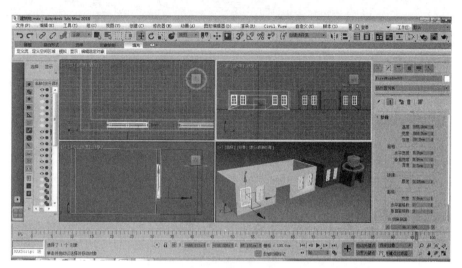

图 2-131   一层门洞、窗洞制作

②选择【创建】→【门】→【枢轴门】，在【顶】视图中，创建门模型，通过复制、移动，安放到墙体合适位置。门参数设置和位置如图 2-132 所示。

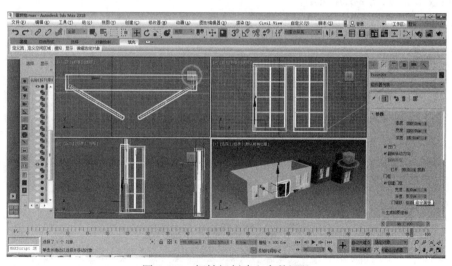

图 2-132   枢轴门创建和参数调整

（8）屋顶创建

①在【顶】视图中，利用【扩展基本体】→【长方体】创建一个长为 560，宽度为 1260，高度为 150 的长方体，命名为"屋顶"；

②选中屋顶，利用【修改器列表】添加【编辑多边形】；

③选中【编辑多边形】的【顶点】层级，利用【选择并移动】按钮，调整屋顶顶点的位置，效果如图 2-132 所示。

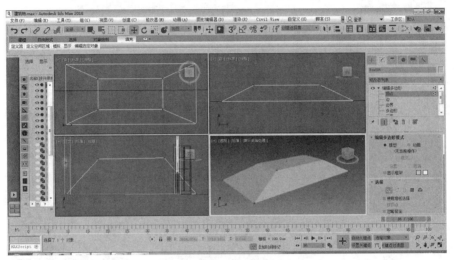

图 2-133 屋顶创建

④重复以上步骤，制作小屋顶。

（9）创建地板

①打开隐藏的矩形，复制一个，利用【挤出】修改器，挤出 1 个地板，数量为 40，命名为"地板 1"，如图 2-134 所示。

②复制一个地板，命名为"地板 2"。

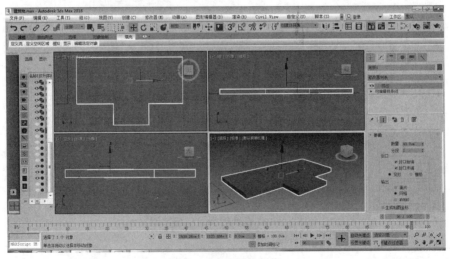

图 2-134 地板的制作

（10）创建墙体装饰

①利用选择【创建】→【图形】→【样条线】→【线】工具按钮，打开【捕捉】工具，在【前】视图中，创建装饰条剖面的样条线，如图 2-135 所示。

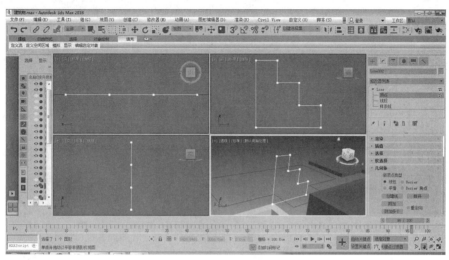

图 2-135　墙体装饰二维图形创建

②选择凸形的样条线，选择【修改器列表】中【倒角剖面】修改器；

③在【倒角剖面】命令面板上，单击【拾取剖面】按钮，选择绘制的【剖面】样条线，创建墙体装饰条，复制得到 2 条装饰条，如图 2-136 所示。

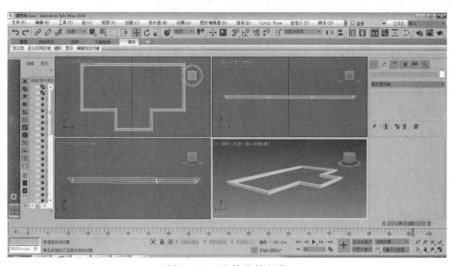

图 2-136　墙体装饰制作

(11)模型效果创建

①利用【移动】、【对齐】工具按钮，进行建筑物各部分的移动与调整；

②利用【扩展基本体】→【圆柱体】工具按钮，添加门廊柱子；

③进行模型的颜色等调整，最终效果如图 2-137 所示。

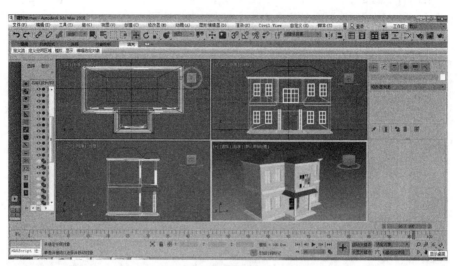

图 2-137 别墅模型制作

(12)保存文件

利用【文件】→【保存】,将模型文件保存到指定位置,命名为"建筑模型"。

(四)地形建模

1. 地形建模方法

【地形】是使用等高线数据创建地形曲面。其方法是:

①选择样条线轮廓;

②选择【创建】→【复合】→【地形】命令(或命令面板中【创建】→【几何体】→【复合对象】中的【地形】命令按钮);

③3ds Max 通过等高线生成网格曲面;

④对地形参数进行修改,可通过【按海拔上色】参数修改,为地形添加颜色和编辑高程等。

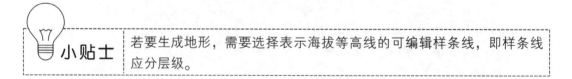

小贴士 | 若要生成地形,需要选择表示海拔等高线的可编辑样条线,即样条线应分层级。

2. 地形建模案例

☞ **案例 2-27** 地形模型

制作要求:利用【线】等命令按钮绘制二维图形;进入【修改】面板,对二维图形进行修改调整;利用【地形】进行对象的操作,创建三维地形模型,效果如图 2-138 所示。

图 2-138　地形模型效果图

制作目的：掌握【线】、【移动】、【地形】等命令按钮的使用方法，能进行海拔等高线的制作和修改；能进行地形建模。

操作步骤：

（1）启动软件

启动 3ds Max 2018 软件，将【单位设置】中的【显示单位比例】和【系统单位设置】都设置为米（m）。

（2）绘制等高线

①在【顶】视图中，选择【创建】→【图形】→【样条线】→【线】工具按钮；单击拖动鼠标左键，绘制等高线；在【修改】命令面板中进行参数调整，所有顶点类型都修改为【平滑】；

②重复以上步骤，绘制建模区域的所有等高线，利用【选择并移动】等工具按钮，进行等高线整体形状的调整，结果如图 2-139 所示。

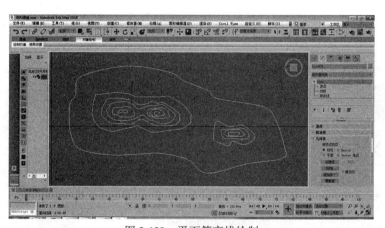

图 2-139　平面等高线绘制

（3）调整等高线

①选中【修改】命令面板中【Line】中的【样条线】子层级，单击【几何体】卷展栏中的【附加多个】按钮，弹出【附加多个】对话框；

②在打开的【附加多个】对话框中，【全选】所有样条线，单击【附加】按钮，将所有样条线附加到一起，如图 2-140 所示；

③单击【选择并移动】工具，依次选择高程相同的等高线，在【前】视图中调整等高线的高度位置，如图 2-140 所示。

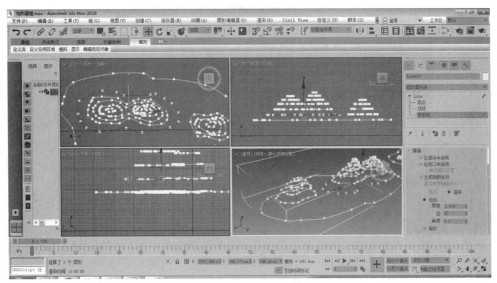

图 2-140　等高线附加和高程位置的调整

（4）地形建模

①选中所创建等高线对象；

②选择【创建】→【几何体】→【复合对象】→【地形】按钮，进行地形建模，如图 2-141 所示。

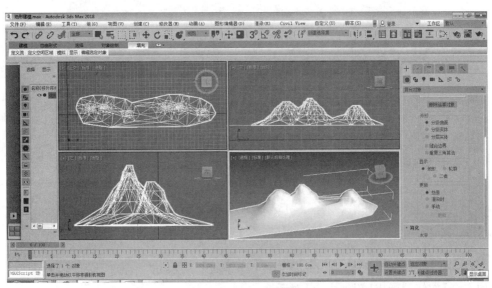

图 2-141　地形模型初步生成

③选中【修改】命令面板，在【海拔上色】卷展栏中为地形添加颜色，单击【创建默认值】按钮，为地形创建默认颜色，如图 2-142 所示。

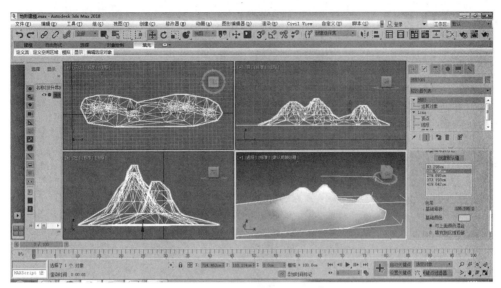

图 2-142   地形默认颜色创建

④利用【海拔上色】卷展栏中【修改区域】、【添加区域】、【删除区域】参数，对模型进行进一步修改。

（5）保存文件

利用【文件】→【保存】，将模型文件保存到指定位置，命名为"地形模型"。

三、其他高级建模

（一）多边形建模

1. 认识多边形建模

多边形建模是 3ds Max 最主要的建模工具之一。一般模型都是由许多面组成的，每个面都有不同的尺寸和方向。通过创建和排列，面就可以创建出复杂的三维模型。

【可编辑多边形】是一种可编辑对象，包含顶点、边、多边形、边界和元素 5 种子对象。【可编辑多边形】有各种控件，可以在不同的对象层级中将对象作为多边形网格进行操作，然后结合【网格平滑】修改器，创建多种标准模型。

2. 转化可编辑多边形

将三维对象转化为可编辑多边形的方法有两种，具体如下：

（1）右键快捷菜单转换

选中要进行多边形建模的三维对象，然后在【修改】面板的【修改器堆栈】中右击对象的名称，从弹出的快捷菜单中选择【转换为：可编辑多边形】菜单项即可。

使用该方法时，对象的性质发生了改变，因此，我们将无法再利用其创建参数来修改对象。

（2）添加【编辑多边形】修改器

选中要进行多边形建模的三维对象，然后打开【修改】面板中的【修改器列表】下拉列表，从中选择【编辑多边形】。

使用该方法时，对象的性质未变，只是增加了一个修改器。因此，我们仍可利用其创建参数来修改对象。

3. 多边形建模案例

☞ **案例 2-28**　建筑模型

制作要求：利用【圆柱体】等命令按钮绘制二维图形；利用【编辑多边形】进行对象的转换，并对多边形对象进行编辑和修改；利用【布尔】、【移动】、【对齐】等命令按钮制作单体建筑模型，整体效果如图 2-143 所示。

图 2-143　建筑模型效果图

制作目的：掌握【圆柱体】、【编辑多边形】、【移动】、【地形】等命令按钮的使用方法，能进行海拔等效果的制作和修改；能进行地形建模。

操作步骤：

（1）启动软件

启动 3ds Max 2018 软件，将【单位设置】中的【显示单位比例】和【系统单位设置】都设置为米（m）。

（2）合并场景

在【顶】视图中，利用【文件】→【导入】→【合并】→【菜单】，在对话框中选择"案例 2-25"创建的【建筑主体】文件，建筑主体对象导入。

（3）圆柱形对象创建

①在【顶】视图中，选择【创建】→【几何体】→【标准基本体】→【圆柱体】工具按钮；单击并拖动鼠标左键，绘制圆柱体；在【修改】命令面板中进行参数调整，如图 2-144 所示；

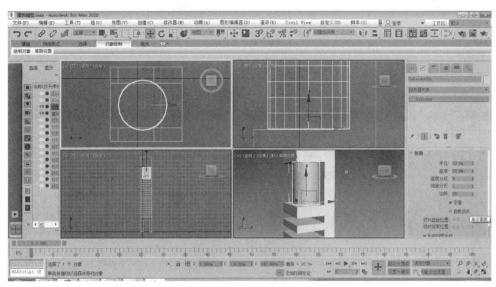

图 2-144　圆柱体创建和参数设置

②单击【选择并均匀缩放】，再单击右键，出现【缩放变换输入】对话框，精确进行比例变换，参数如图 2-145 所示。

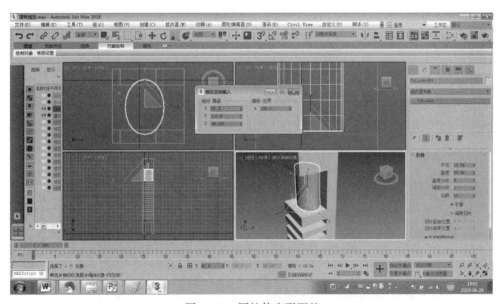

图 2-145　圆柱体变形调整

（4）为圆柱体添加窗口

①选择【建筑主体】对象，右键单击，并从右键菜单中选择【隐藏选定对象】，隐藏建筑主体；

②选择【圆柱体】对象，利用【修改】→【修改器列表】下拉菜单，为圆柱体添加【编辑

多边形】修改器；

③单击【编辑多边形】下的【边】子层级，选择圆柱体中任意的水平边，在【选择】卷展栏中，单击参数中【环形】按钮，选定边的上下两侧，所有水平边也会被自动选定，如图2-146所示。

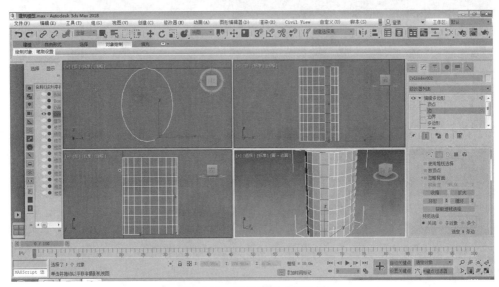

图 2-146　多边形【边】的选择

④按 Alt 键，并单击最顶层和最底层的边，对其取消选择，如图 2-147 所示。

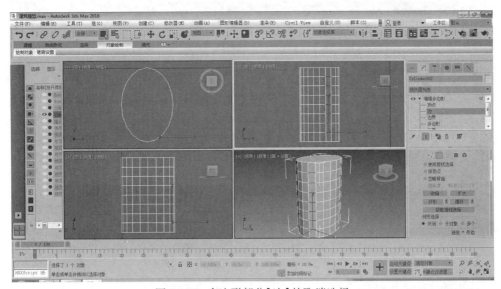

图 2-147　多边形部分【边】的取消选择

⑤在【选择】卷展栏中，单击【循环】以选择所有水平边，不包括顶行和底行，如图2-148所示。

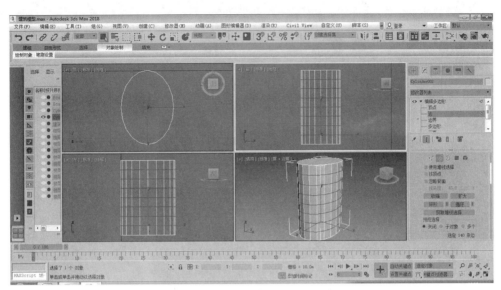

图 2-148 多边形编辑【边】的选择

⑥在【编辑边】卷展栏中，单击【切角】按钮右侧的【设置】按钮。3ds Max 将显示【切角】工具控件，将第二个控件【边切角量】更改为 0.6m，然后单击【确定】。3ds Max 会将每个水平边圈更改为半径为 0.6 米的一对圈。如图 2-149 所示。

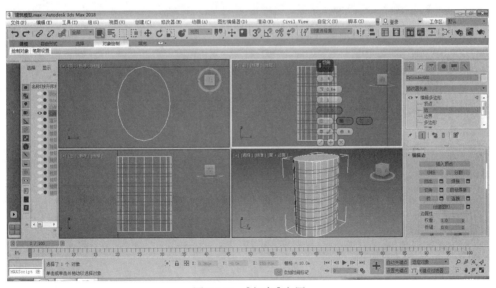

图 2-149 【切角】应用

⑦在【选择】卷展栏上，单击以激活【多边形】，按住 Ctrl 键，选中经过切角操作创建的每个分段，如图 2-150 所示。

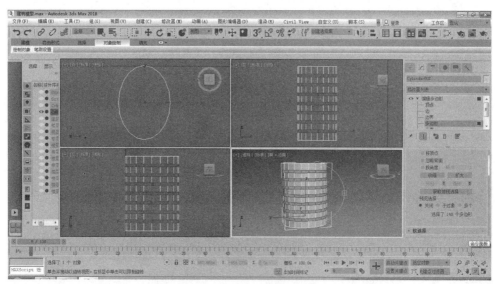

图 2-150　切角操作创建的分段选择

⑧在【编辑多边形】卷展栏中，单击【倒角】按钮右侧的【设置】按钮。利用倒角控件从下拉列表中选择【按本地法线】。在控件【高度】中，输入"1.0"，在【轮廓】中，输入"−0.2"，使倒角边缘略微倾斜，单击【确定】，进行窗户创建，如图 2-151 所示。

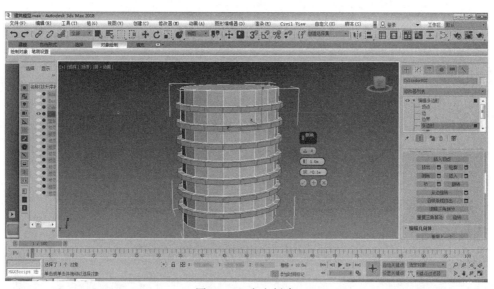

图 2-151　窗户创建

（5）模型的锥化效果

①复制一个编辑好窗户的圆柱体；

②选择【圆柱体】对象，利用【修改】→【修改器列表】下拉菜单，为圆柱体添加【编辑多边形】修改器；在【参数】卷展栏上，将"数量"和"曲线"分别设置为"0.5"和"1.0"。制作从顶部使建筑物向外锥化的效果，并形成建筑物的各边，如图 2-152 所示。

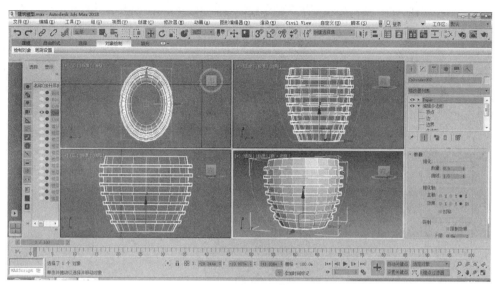

图 2-152　模型锥化效果制作

（6）建筑顶部效果制作

①取消隐藏，显示合并到场景中的【建筑主体】；移动顶部和底部的柱形对象到正确的位置，如图 2-153 所示；

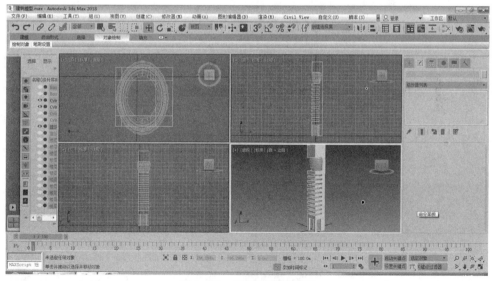

图 2-153　对象移动和调整

②选中【建筑主体】，将其转化为【可编辑多边形】对象；调整视图，显示建筑物的屋顶，如图 2-154 所示；

③在【选择】卷展栏中，激活【顶点】，利用【选择并移动】工具按钮，选择建筑物屋顶前面的顶点；

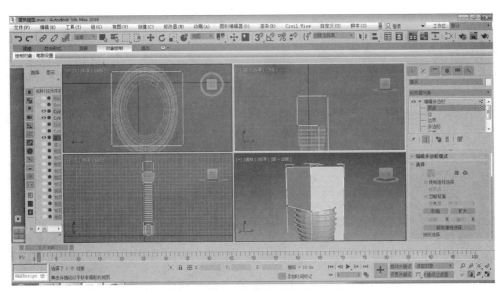

图 2-154 建筑主体转化为可编辑多边形

④在【选择并移动】工具按钮处单击右键，打开【移动变换输入】对话框，在 Z 坐标微调器中，将该值从"200"更改为"230"，精确地调整顶点的位置，设置屋顶的倾斜，如图 2-155 所示；

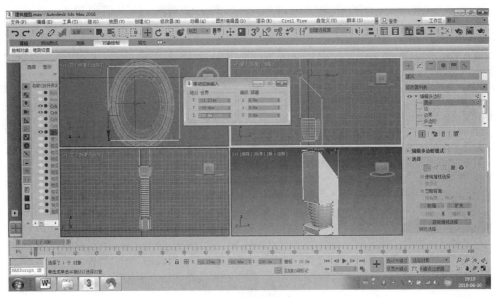

图 2-155 倾斜屋顶的制作

⑤利用【修改】命令面板，打开【编辑多边形】的【多边形】子层级，在【选择】卷展栏中，选择屋顶多边形；

⑥在【编辑多边形】卷展栏上，单击【插入】旁边的【设置】按钮。将在 3ds Max 显示

【插入】工具控件中【数量】改为 3，单击【确定】，即可插入操作创建在 X 和 Y 维度中小于 3 米的多边形，在原始多边形中居中，如图 2-156 所示。

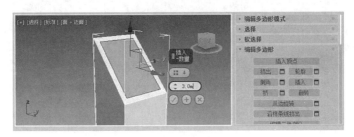

图 2-156 倾斜屋顶多边形的插入

⑦在【编辑多边形】卷展栏上，单击【挤出】旁【设置】按钮。将在 3ds Max 显示【挤出】工具控件中【数量】改为"2"，单击【确定】，即可挤出一个新的多边形。屋顶外观如图 2-157 所示。

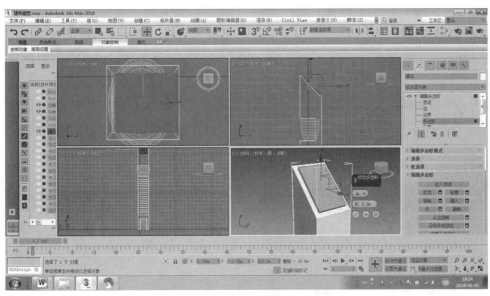

图 2-157 倾斜屋顶多边形的挤出

（7）建筑整体模型建立

①选中【建筑主体】，选择【创建】→【复合】→【布尔】按钮，单击【运算对象参数】卷展栏中的【并集】按钮；

②在【布尔参数】卷展栏中单击【添加运算对象】按钮，依次单击顶部和底部的柱形体；结果如图 2-158 所示；建筑整体模型建立完成。

（8）保存文件

利用【文件】→【保存】，将模型文件保存到指定位置，命名为"建筑模型"。

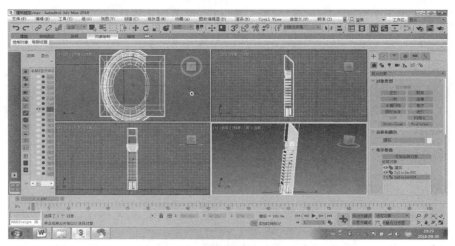

图 2-158 建筑整体模型效果

(二) 面片建模

1. 初识面片建模

面片是一种可变形的对象，在创建平缓曲面时，面片对象十分有用，面片建模是一种表面建模技术。当向对象应用【编辑面片】修改器或将其转化为【可编辑面片】对象时，将对象的几何体转换为一系列单独的 Bezier 面片集合。每个面片都有三或四个由边连接在一起的顶点构成，通过操纵顶点和边来控制面片曲面的形状。

2. 面片建模案例

☞ **案例 2-29** 广场模型

制作要求：利用【面片栅格】、【线】等命令按钮绘制图形；利用【编辑面片】、【车削】等进行对象的转换及编辑和修改；利用【移动】、【对齐】等制作拉膜广场模型整体效果，如图 2-159 所示。

图 2-159 拉膜广场模型效果图

制作目的：掌握【面片栅格】、【线】、【编辑面片】、【车削】等使用方法，能进行拉膜效果的制作和修改，能进行拉膜广场模型制作。

操作步骤：

（1）启动软件

启动 3ds Max 2018 软件，将【单位设置】中的【显示单位比例】和【系统单位设置】都设置为毫米（mm）。

（2）创建四边形面片

在【顶】视图中，选择【创建】→【几何体】→【面片栅格】→【四边形面片】→【工具】按钮，单击鼠标左键并拖动，绘制四边形面片；在【修改】命令面板中进行参数调整，并命名为"广场顶部"，具体参数如图 2-160 所示。

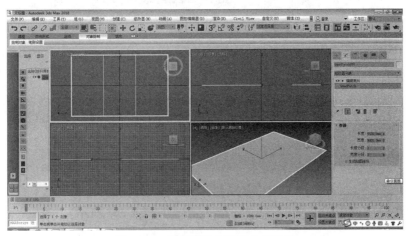

图 2-160　顶部面片创建和参数设置

（3）创建广场拉膜顶部

①选中四边形面片，将其转化为【可编辑面片】对象，进入【可编辑面片】的【顶点】和【控制柄】子对象层级，分别调整其形态，如图 2-161 所示；

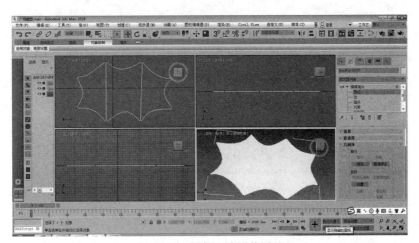

图 2-161　顶部面片形状调整

②进入【可编辑面片】的【边】子对象层级；选中对象，单击【几何体】卷展栏中的【细分】按钮，将边细分；重复此步骤，将边 2 次细分，结果如图 2-162 所示；

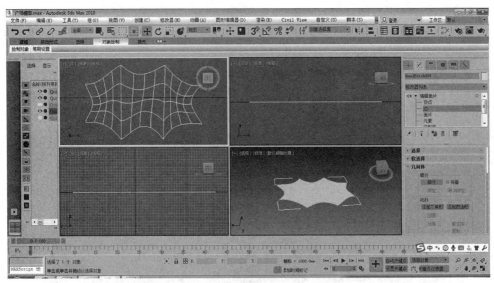

图 2-162 顶部面片细分

③进入【可编辑面片】的【顶点】子对象层级；选中中间的 2 个顶点对象，在【软选择】卷展栏中选择【使用软选择】，设置【衰减】为"5000"，【收缩】为"1"；在【前】视图中，利用【选择并移动】工具按钮，将顶点向上移动，效果如图 2-163 所示。

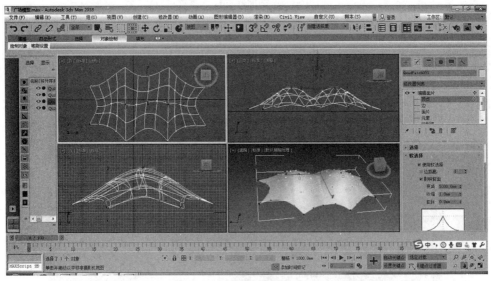

图 2-163 顶部拉膜效果制作

（4）创建广场支架

①在【顶】视图中，选择【创建】→【几何体】→【标准基本体】→【圆柱体】工具按钮，单

击拖动鼠标左键，绘制圆柱体，其半径为"100"，高为"6000"；

②打开【捕捉】工具按钮，在【前】视图中，利用【图形】→【样条线】→【线】工具按钮，绘制支架顶部剖面线，如图 2-164 所示；

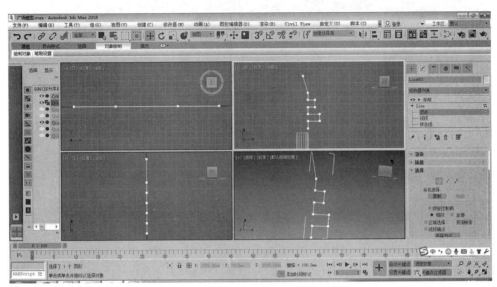

图 2-164　广场支架顶部剖面线绘制

③选中绘制的剖面线，利用【修改器列表】，添加【车削】修改器，结果如图 2-165 所示。

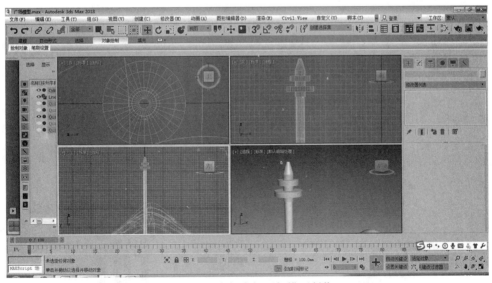

图 2-165　广场支架顶部模型制作

④利用【布尔】，合并创建圆柱体和顶部对象，新对象命名为【支架】；利用【长方体】绘制地面；利用【移动】、【旋转】等调节支架与拉膜位置，结果如图 2-166 所示。

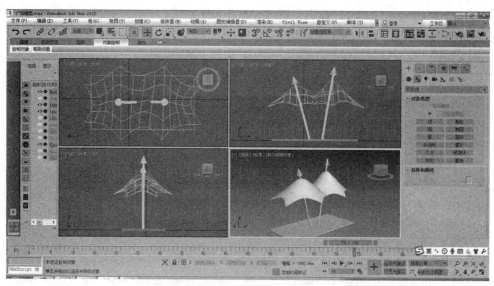

图 2-166 支架制作和广场模型效果

职业能力训练

训练一 几何体组合建模

一、实训目的

①掌握【扩展基本】和【基本体】中各对象的创建和修改方法；

②能进行【扩展基本】和【基本体】中各对象的创建；

③能利用【选择并移动】、【对齐】等实现模型的组合建立。

二、实训内容

在 3ds Max 软件中进行亭子模型的制作，如图 2-167 所示。

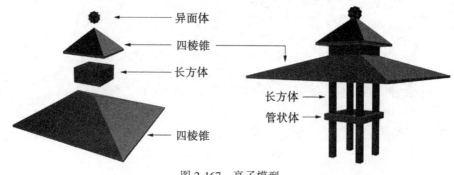

图 2-167 亭子模型

训练二　平面对象创建三维模型

一、实训目的

①掌握【图形】面板下【线】中各对象的类型的创建和编辑方法；

②能利用【线】中各对象进行平面图形的创建和编辑；

③能利用不同【修改器】实现由平面对象创建三维模型。

二、实训内容

在 3ds Max 软件中进行路灯模型和喷泉模型的制作，如图 2-168 所示。

图 2-168　路灯模型和喷泉模型

训练三　挤出建模

一、实训目的

①掌握【图形】面板下【线】中各对象类型的创建和编辑方法；

②能利用【线】中各对象进行平面图形的创建和编辑；

③能利用不同【修改器】中【挤出】实现由平面对象创建三维模型。

二、实训内容

在 3ds Max 软件中进行站台模型的制作，如图 2-169 所示。

图 2-169　站台模型

训练四 放样建模

一、实训目的

①熟悉放样建模的含义和特点；

②掌握放样建模方法；

③能利用【放样】进行三维场景的制作。

二、实训内容

在 3ds Max 软件中进行窗帘模型的制作，如图 2-170 所示。

图 2-170 窗帘模型

训练五 面片建模

一、实训目的

①熟悉面片建模的含义和应用；

②掌握面片建模方法；

③能利用面片建模制作三维场景。

二、实训内容

在 3ds Max 软件中进行小广场模型的制作，如图 2-171 所示。

图 2-171 小广场模型

思考与练习

1. 举例说明，如何通过放样制作三维物体？
2. 布尔运算包括哪几种？对象执行布尔操作的步骤是什么？
3. 3ds Max 软件中能创建的平面图形主要有哪些？
4. 如何将对象转化为编辑多边形，编辑多边形包含哪几个层级？
5. 简述制作一座拱桥的思路和步骤。

项目三　三维模型效果制作

【项目概述】

世界上任何物体都有各自的表面特征，也就是各自的纹理质感、颜色属性。在三维世界里要真实表现现实中的事物，使物体产生逼真的视觉效果，除了要有精细的模型外，材质和贴图也是必不可少的。材质是物体表面的表现特征，主要用于描述物体如何反射和传播光线。贴图是在物体的外表面贴上图片，也叫材质的贴图，它是材质编辑的重要方式，主要应用于模拟物体质地，提供纹理、图案、反射、折射等其他效果；灯光在场景中起着重要的作用，在 3ds Max 创建的三维场景中同样离不开灯光，灯光可以照亮场景，使物体显示出各种反射效果、创建阴影，它和材质一起决定了三维场景的真实性，不同的灯光设置可以模拟出不同的效果。本项目主要介绍材质编辑器、材质类型和效果制作、贴图类型和效果制作、灯光摄影机应用及模型渲染输出等。

【学习目标】

1. 掌握材质编辑器内容及使用方法；
2. 能进行基本材质的参数设置和应用；
3. 掌握贴图通道和贴图类型；
4. 能进行贴图的制作和应用；
5. 掌握灯光和摄影机基本内容；
6. 能进行灯光和摄影机的添加和应用；
7. 能进行三维模型效果制作及渲染输出。

任务 3-1　材质与贴图制作

一、材质编辑器

（一）初始材质编辑器

在 3ds Max 中，【材质编辑器】非常重要，材质与贴图主要是在材质编辑器中进行的。贴图和材质的编辑方式有着明显的不同，材质可以直接指定到场景中的对象上，通过参数的设置可以模拟出真实世界中的大多数材质；贴图是将一幅图像依据指定的投影方向直接投射到对象的表面。贴图只能依附于材质，作为材质的有机组成部分，被指定到场景中的对象上。

1. 打开材质编辑器

打开材质编辑器对话框的方法主要有两种：

①执行【渲染】→【材质编辑器】→【精简材质编辑器】菜单命令或【渲染】→【材质编辑器】→【Slate 材质编辑器】菜单命令；

②在【主工具栏】中单击【材质编辑器】按钮或直接按 M 键。

2. 材质编辑器的基本组成

【材质编辑器】对话框由标题栏、菜单栏、示例窗、材质编辑器行工具栏、材质编辑器列工具栏和参数卷展区等组成，如图 3-1 所示。可以分为上下两部分，上半部分是材质的示例窗（也称为样本槽）及功能区，这部分的操作绝大多数对材质没有影响；下半部分是参数区，对材质的具体编辑工作主要在这一部分进行，其状态随操作和材质层级的更改而改变。

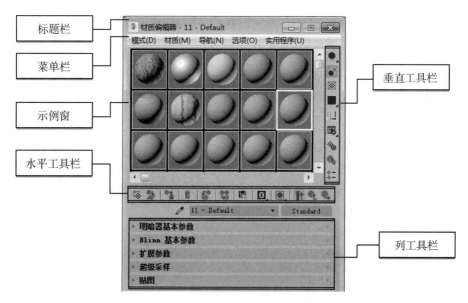

图 3-1　【材质编辑器】基本组成

3. 工具栏工具

材质编辑器的工具栏包括【水平工具栏】（见图 3-2）和【垂直工具栏】，下面介绍其按钮的主要功能。

（1）水平工具栏

水平工具栏中各按钮的主要功能如下：

①获取材质：为选定的材质打开【材质/贴图浏览器】对话框。

②将材质放入场景：在编辑好材质后，单击该按钮可以更新已应用于对象的材质。

③将材质指定给选定对象：将材质指定给选定的对象。

④重置贴图/材质为默认设置：删除修改的所有属性，将材质属性恢复到默认值。

⑤生成材质副本：在选定的示例图中创建当前材质的副本。

⑥使唯一：将实例化的材质设置为独立的材质。

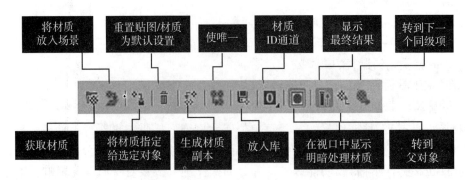

图 3-2　【水平工具栏】工具按钮功能

⑦放入库：重新命名材质并将其保存到当前打开的库中。

⑧材质 ID 通道：为应用后期制作效果设置唯一的 ID 通道。

⑨在视口中显示明暗处理材质：在视口对象上显示 2D 材质贴图。

⑩显示最终结果：在实例图中显示材质以及应用的所有层次。

⑪转到父对象：将当前材质上移一级。

⑫转到下一个同级项：选定同一层级的下一贴图或材质。

（2）垂直工具栏

垂直工具栏中各按钮的主要功能如下：

①采样类型：控制示例窗显示的对象类型，默认为球体类型，还有圆柱体和立方体类型。

②背光：打开或关闭选定示例窗中的背景灯光。

③背景：在材质后面显示方格背景图像，这在观察透明材质时非常有用。

④采样 UV 平铺：为示例窗中的贴图设置 UV 平铺显示。

⑤视频颜色检查：检查当前材质中 NTSC 和 PAL 制式的不支持颜色。

⑥生成预览：用于产生、浏览和保存材质预览渲染。

⑦选项：打开【材质编辑器选项】对话框，在该对话框中可以启用材质动画、加载自定义、定义灯光亮度或颜色，以及设置示例窗数目等。

⑧按材质选择：选定使用当前材质的所有对象。

⑨材质/贴图导航器：单击该按钮可以打开【材质/贴图导航器】对话框，在该对话框中会显示当前材质的所有层级。

二、材质效果制作

（一）材质类型

在 3ds Max 中，单击【Standard（标准）】按钮，弹出【材质/贴图浏览器】对话框，在对话框中展现默认的材质类型，如图 3-3 所示。下面介绍 3ds Max 中常用的材质类型。

图 3-3　【材质/贴图浏览器】对话框中材质类型

1. 标准

【标准】材质是 3ds Max 默认的通用材质，也是使用频率最高的材质之一，它几乎可以模拟真实世界中的任何材质。在真实生活中，对象的外观取决于它放射光线的情况，在 3ds Max 中，标准材质用来模拟对象表面的反射属性，在不使用贴图的情况下，标准材质为对象提供单一均匀的表面颜色效果。【标准】材质的参数设置面板如图 3-4 所示。

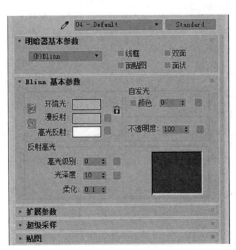

图 3-4　【标准】材质的参数设置面板

默认情况下，材质编辑器对话框中显示的是 Standard（标准材质），同时也是最基本、最重要的一种材质。在【明暗器基本参数】卷展栏左侧的下拉列表框中选择不同的明暗类型，可以改变标准材质的明暗类型和渲染方式。单击该下拉列表框调出其下拉列表，一共有 8 种明暗类型可供选择(选择不同的明暗类型选项后，其下面的基本参数卷展栏将变为相应类型的卷展栏)，这些明暗类型的含义见表 3-1。

表 3-1　　　　　　　　　　　　　　　　明暗类型及意义

序号	类型	特点	应用范围
1	各向异性	使用椭圆形高光	制作表面具有抛光效果的材质，对于建立头发、玻璃或磨砂金属的模型很有效
2	Blinn	默认的材质类型，使用圆形高光，高光区与漫反射区的过渡均匀	渲染光滑和粗糙的表面，能精确地反映出三维模型的各种物理特性。反映色调比较柔和，能充分表现材质质感，有很广的应用范围，可以表现织物、塑料、陶瓷、土质和石材等绝大部分材质
3	金属	在对象的表面会产生强烈金属质感的反光效果	制作金属材质与反光及色调特别强烈的较抽象的材质
4	多层	类型与各向异性明暗类型相似，但具有两个反射高光控件	使用分层的高光可以创建复杂高光，各层有各层的反光效果。可制作非常光滑的高反光材质
5	Oren-Nayar-Blinn	对 Blinn 明暗类型的改变，附加"高级漫反射"控件、漫反射强度和粗糙度	可生成无光效果。适合无光曲面，如布料、陶瓦等
6	Phong	具有圆形高光	与对象的表面会产生光滑柔和的反光效果，可制作光滑而柔软质感的材质
7	Strauss	对金属表面建模	与金属明暗类型相比，该明暗类型使用更简单的模型，并具有更简单的界面
8	半透明	与 Blinn 类似，还可用于指定半透明	允许光线穿过，并在对象内部使光线散射。可模拟被霜覆盖的和被侵蚀的玻璃、石蜡、玉石、凝固的油脂以及细嫩的皮肤等

2. 混合

【混合】材质是将两种不同的材质融合在同一表面上。通过不同的融合度，控制两种材质表现的强度，并且可以制作成材质变形动画。【混合】材质还可以使用遮罩或某种简单的量控制。【混合】材质的参数设置面板如图 3-5 所示。

3. 建筑

【建筑】材质能够快速模拟真实世界的高质量效果。可使用【光能传递】或【光跟踪器】的【全局照明】进行渲染，适合于建筑效果制作。【建筑】材质是基于物理计算的，可设置的控制参数不是很多，其内置了光线追踪的反射、折射和衰减。通过【建筑】材质内置的模板可以方便地设置很多常用材质，如木头、石头、玻璃、水、大理石等。

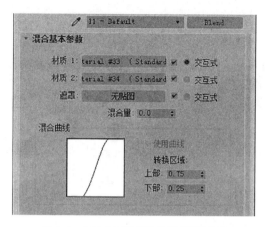

图 3-5 【混合】材质的参数设置面板

【建筑】材质支持任何类型的【漫反射】贴图,根据选择的模板,透明度、反射、折射都能够自动设定。它还可以完美地模拟菲涅尔反射现象,根据设定的颜色和反射等参数自动调节光能传递的设置。【建筑】材质的参数设置面板如图 3-6 所示。

 使用建筑材质时建议不要在标准灯光和光线追踪条件下渲染,这种材质需要精确的计算。最好使用光度学灯光和光能传递。

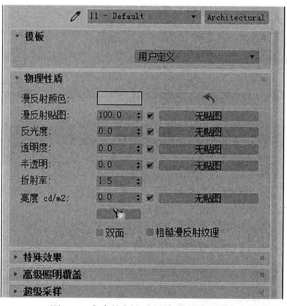

图 3-6 【建筑】材质的参数设置面板

(二)材质制作

1. 材质制作方法

利用【材质编辑器】可以进行材质的制作，通常在制作新材质并将其应用于对象时，应该遵循以下步骤，如图 3-7 所示。

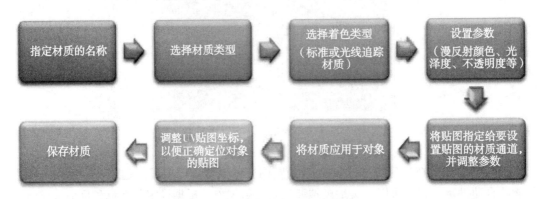

图 3-7　材质的制作应用步骤

2. 标准材质制作

在 3ds Max 中标准材质赋予对象一种单一的颜色，这种材质相当简单，但能生成有效的渲染效果，可以模拟发光对象，以及透明或半透明对象。

标准材质使用 3 种颜色构成对象表面。对材质基本参数的设置主要在【明暗器基本参数】卷展栏中完成，通过使用三种颜色及对高光区的控制，可以创建出大部分基本反射材质。

(1)环境光颜色(Ambient Color)

对象阴影处的颜色，它是环境光比直射光强时对象反射的颜色。

(2)漫反射颜色(Diffuse Color)

光照条件较好，比如在太阳光和人工光直射情况下，对象反射的颜色又被称作对象的固有色。

(3)高光颜色(Specular Color)

高光颜色即反光亮点的颜色。高光颜色看起来比较亮，而且高光区的形状和尺寸可以控制。根据不同质地的对象来确定高光区范围的大小以及形状。

☞ **案例 3-1**　光滑陶瓷材质制作

制作要求：利用【Blinn】明暗类型，创建光滑陶瓷材质，并进行应用。

制作目的：掌握【Blinn】明暗类型材料的创建方法和应用范围，能进行光滑陶瓷材质的制作并应用。

操作步骤如下：

①打开配套资源中"花瓶 . MAX"文件。

②点击【渲染】中【材质/贴图浏览器】按钮，打开【材质/贴图浏览器】对话框，单击对

话框左上角上面的三角形下拉按钮，在弹出的菜单中，选择【新材质库】，如图 3-8 所示。在某一路径下，建立名称为"材质"的材质库文件。

图 3-8　新材质库建立菜单

③执行【渲染】→【材质编辑器】→【精简材质编辑器】菜单命令，打开【材质编辑器】对话框。

④选择一个示例窗(也称材质球)，选择【Blinn】基本参数；在【明暗器基本参数】中选中【双面】。

⑤在【Blinn】基本参数卷展栏中取消【环境光】和【漫反射】颜色的关联。

⑥单击【漫反射】右侧的色块，在弹出的【颜色】对话框中设置陶瓷的颜色。

⑦单击【环境光】右侧的色块，在弹出的【颜色】对话框中设置环境光的颜色(比漫反射稍暗)。

⑧单击【反射高光】右侧的色块，在弹出的【颜色】对话框中设置反射高光的颜色(比漫反射亮)，将【高光级别】设为"92"，【光泽度】设为"60"。

⑨在材质名称组合框中输入材质名称【光滑陶瓷】。参数设置和最后效果如图 3-9所示。

⑩选择场景中的第一个花瓶对象，选择制作的【光滑陶瓷】示例窗，单击【材质编辑器】水平工具栏中的【将材质指定给选定对象】按钮，将材质赋给花瓶对象。

⑪单击【材质编辑器】水平工具栏中的【放入库】按钮，将制作的光滑陶瓷对象放入名称为【材质】的材质库中，如图 3-10 所示。

⑫保存文件。

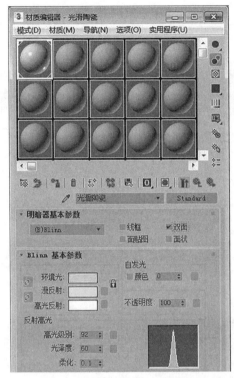

图 3-9　光滑陶瓷材质参数设置

图 3-10　材质放置到库

☞ **案例 3-2**　透明材质制作

制作要求：利用【Phong】明暗类型，创建透明玻璃材质，并进行应用。

制作目的：掌握【Phong】明暗类型材料的创建方法和应用范围，能进行光线追踪透明玻璃材质的制作并应用。

操作步骤如下：

①打开配套资源中"花瓶.MAX"文件；

②执行【渲染】→【材质编辑器】→【精简材质编辑器】菜单命令，打开【材质编辑器】对话框；

③选择一个示例窗（也称材质球），在材质名称组合框中输入材质名称【透明玻璃】，并单击【Standard】按钮，在弹出的【材质/贴图浏览器】对话框中双击【光线跟踪】选项；

④在【光线跟踪基本参数】卷展栏中，选中【双面】对话框；

⑤明暗处理选择【Phong】，将【环境光】和【漫反射】颜色设置为黑色；透明处颜色设

置为淡绿色，具体设置【红】为"150"，【绿】为"220"，【蓝】为"130"，如图 3-11 所示。

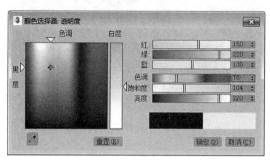

图 3-11　颜色选择器中各颜色参数设置

⑥将【折射率】值改为"1.5"；在【反射高光】选项组中的【高光级别】中输入"250"，【光泽度】中输入"80"，【柔化】中输入"0.1"。具体参数设置如图 3-12 所示。

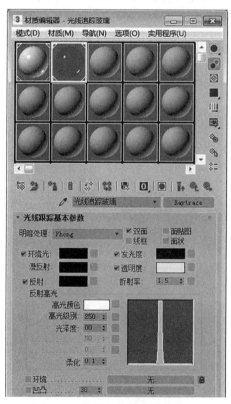

图 3-12　光线跟踪基本参数设置

⑦打开【材质编辑器】窗口下的【贴图】卷展栏，单击【反射】右侧按钮，在弹出的【材质/贴图浏览器】对话框中双击【衰减】选项。

⑧在【衰减参数】卷展栏中，将【衰减类型】设置为【Fresnel】，如图 3-13 所示。

⑨单击【材质编辑器】中水平工具栏的【转到父对象】按钮。

图 3-13 【衰减类型】设置

⑩选择场景中的第二个花瓶对象,选择制作的【透明玻璃】示例窗,单击【材质编辑器】水平工具栏中的【将材质指定给选定对象】按钮,将材质赋给花瓶对象。

⑪单击【材质编辑器】水平工具栏中的【放入库】按钮,将制作的光滑陶瓷对象放入名称为【材质】的材质库中。

⑫利用【渲染】→【渲染】菜单,输出效果如图 3-14 所示。

图 3-14 陶瓷材质和玻璃材质渲染效果

3. 建筑材质制作

在 3ds Max 中建筑材质设置的是物理属性,当与光度学灯光和光能一起使用时,能够提供最逼真的效果。

☞ **案例 3-3** 大理石材质制作

制作要求:利用【建筑材质】,创建大理石材质,并进行应用。

制作目的:掌握【建筑材质】的材质参数的设置和创建方法,能进行大理石材质的制作并应用。

①打开配套资源中"花坛.MAX"文件。

②执行【渲染】→【材质编辑器】→【精简材质编辑器】菜单命令，打开【材质编辑器】对话框。

③选择一个示例窗（也称材质球），单击【Standard】按钮，在弹出的【材质/贴图浏览器】对话框中双击【建筑】选项，弹出建筑材质编辑器面板，如图3-15所示。

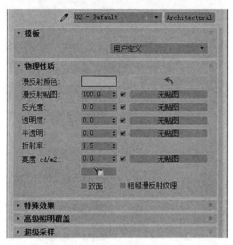

图 3-15　建筑材质编辑器面板

④在【模板】卷展栏的【用户定义】下拉列表框，如图3-16所示，选择所设计的材质种类，选择【石材】。

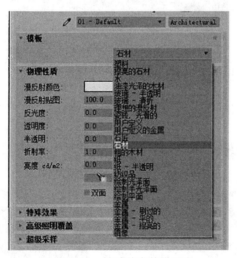

图 3-16　材质种类的设置

⑤修改【石材】材质参数设置，如图3-17所示，实现所要的材质效果。

⑥单击【转到父对象】按钮，回到建筑总参数界面，设置参数如图3-18所示。

⑦选择场景中的花坛对象，选择制作的【石材】示例窗，单击【材质编辑器】水平工具栏中的【将材质指定给选定对象】按钮，将材质赋给花坛对象。

图 3-17 【石材】材质参数设置

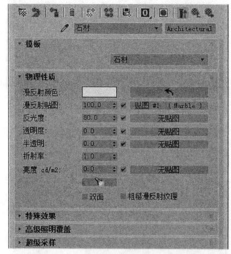

图 3-18 建筑总参数界面参数设置

⑧单击【材质编辑器】水平工具栏中的【放入库】按钮，将制作的光滑陶瓷对象放入名称为【材质】的材质库中。

⑨利用【渲染】→【渲染】菜单，渲染输出。渲染前后对比效果如图 3-19 所示。

图 3-19 设置材质前后对比效果图

小贴士　建筑【模板】面板下拉列表框可选择所设计的材质种类，每个模板都能够为各种材质参数提供预设值。

三、贴图效果制作

(一)认识贴图

1.【贴图】卷展栏

指定给材质的图像称为贴图，贴图提供了材质真实感的等级。包含一个或多个图像的材质称为贴图材质。贴图可以改善材质的外观和真实感，可以模拟纹理、应用的设计、反射、折射以及其他一些效果。打开【材质编辑器】，在对话框的下方单击【贴图】，会打开贴图卷展栏，如图 3-20 所示。

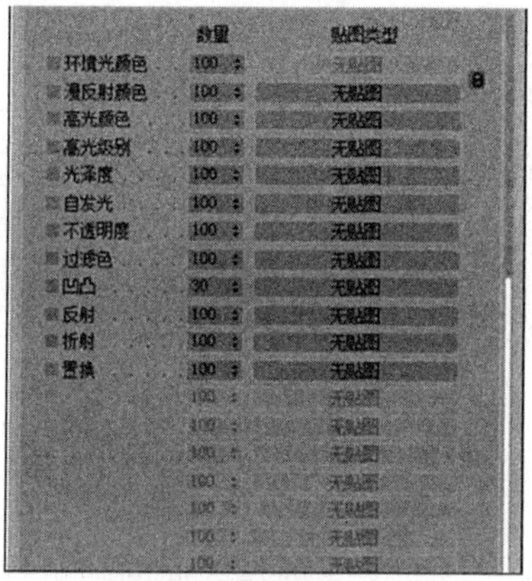

图 3-20　贴图卷展栏

2. 贴图类型

贴图的类型众多，从普通的位图到灵活的程序贴图。在贴图卷展栏中，选择相应的贴图按钮，单击【None】按钮，弹出【材质/贴图浏览器】对话框，如图 3-21 所示，该对话框中提供多种材质类型。下面介绍几种常用的贴图类型。

（1）位图

位图是由彩色像素的固定矩阵生成的图像，如马赛克。位图可以用来创建多种材质，从木纹和墙面到蒙皮和羽毛。也可以使用动画和视频文件代替位图来创建动画材质。

位图是较为常用的一种二维贴图。在三维场景制作中大部分模型的表面贴图都需要与现实中的相吻合，而这一点通过其他程序贴图是很难实现的，也许通过一些程序贴图可以模拟出一些纹理，但这与真实的纹理还是有一定差距的。这时大多会选择以拍摄、扫描等手段获取的位图来作为这些对象的贴图。

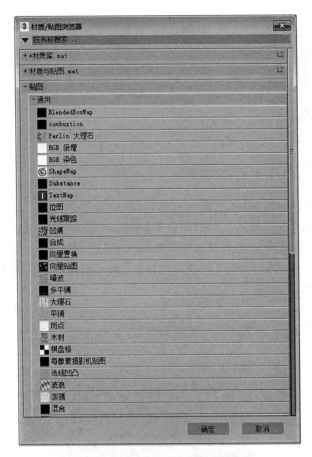

图 3-21 【材质/贴图浏览器】对话框

（2）噪波

噪波贴图基于两种颜色或材质的交互创建区面的随机扰动。常用于无序贴图效果的制作。

（3）平铺

使用平铺贴图程序，可创建砖、彩色瓷砖或材质贴图。制作时可以使用预置的建筑砖图案，也可以设计自定义的图案样式。

（4）棋盘格

棋盘格贴图就是将两色的棋盘图案应用于材质。默认棋盘格贴图是黑白方块图案。棋盘格贴图是 2D 程序贴图。组建棋盘格既可以是颜色，也可以是贴图。

（5）渐变

渐变就是指从一种颜色到另一种颜色进行的明暗处理，为渐变指定两种或三种颜色，3ds Max 将差补中间值。

（6）衰减

衰减贴图基于几何体曲面上法线的角度衰减来生成从白到黑的值。将衰减贴图指定到"漫反射"中可以制作毛绒、天鹅绒等布料效果；指定到"不透明"中可以制作出衰减渐变的效果。

（7）合成

合成贴图指的是将不同颜色或贴图合成在一起的一类贴图。在进行图像处理时合成贴图能够将两种或更多的图像按指定方式结合在一起。

（8）木纹

木纹贴图可以根据位图图像的不同变换各种不同的木纹材质。

（二）贴图效果制作案例

☞ **案例 3-4**　皮革材质制作

制作要求：利用【贴图】，创建皮革材质，并进行应用。

制作目的：掌握【贴图】材质参数的设置和创建方法，能进行皮革材质的制作并应用。

①打开配套资源中"沙发.MAX"文件。

②执行【渲染】→【材质编辑器】→【精简材质编辑器】菜单命令，打开【材质编辑器】对话框。

③选择一个示例窗（也称材质球），在【标准】下，选择【Blinn】明暗器，打开【贴图】卷展栏。

④选中在【贴图】卷展栏中的【漫反射】、【高光级别】和【凹凸】，在此 3 项中分别单击【None】按钮，弹出【材质/贴图浏览器】对话框。

⑤在【材质/贴图浏览器】对话框中选择位图，选择提供的【皮革】位图文件，如图 3-22 所示。

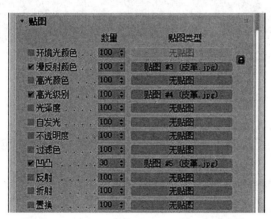

图 3-22　【贴图】卷展栏中文件选择和参数设置

⑥在【Blinn 基本参数】的【反射高光】中，【高光级别】设置为"34"，【光泽度】设置为"20"；材质名称为"皮革"，如图 3-23 所示。

⑦选择场景中的沙发对象，选择制作的【皮革】示例窗，单击【材质编辑器】水平工具栏中的【将材质指定给选定对象】按钮，将材质赋给沙发对象。

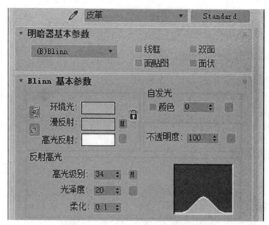

图 3-23　Blinn 基本参数设置

⑧单击【材质编辑器】水平工具栏中的【放入库】按钮，将制作的皮革对象放入名称为【材质】的材质库中。

⑨利用【渲染】→【渲染】菜单，渲染输出。皮革材质渲染后效果如图 3-24 所示。

图 3-24　皮革材质渲染后效果图

☞ **案例 3-5**　建筑墙面材质制作

制作要求：利用【建筑】类型中【贴图】、【UVW 贴图】修改器，创建砖墙材质，并进行应用。

制作目的：掌握【建筑】类型中【贴图】材质参数的设置和创建方法，能利用【UVW 贴图】修改器，能进行砖墙材质的制作并应用。

①打开配套资源中"别墅 .MAX"文件。

②执行【渲染】→【材质编辑器】→【精简材质编辑器】菜单命令，打开【材质编辑器】对话框。

③选择一个示例窗（也称材质球），单击【标准】右侧按钮，选择【建筑】类型，打开【建筑】类型界面。

④在【物理性质】栏中的【漫反射贴图】右侧单击【无贴图】按钮，弹出【材质/贴图浏览器】对话框，在该对话框中选择【位图】，选择提供的【砖墙】位图文件。

⑤在【特殊效果】栏中的【凹凸】右侧单击【无贴图】按钮,弹出【材质/贴图浏览器】对话框,在该对话框中选择【位图】,选择提供的【砖墙】位图文件。结果如图 3-25 所示。

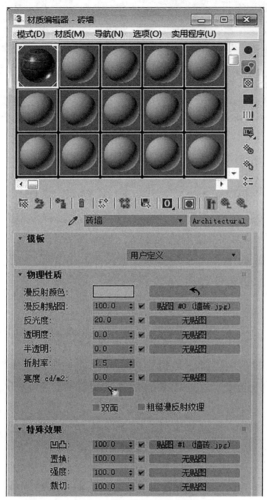

图 3-25　建筑类材质参数设置

⑥选中墙面,利用【将材质指定给选定对象】按钮,将材质赋给墙面对象。在【修改】命令面板中,将布尔对象转换为【可编辑多边形】,为转换后的对象添加【UVW 贴图】修改器。

⑦在【UVW 贴图】修改器卷展栏中,进行【贴图】参数设置,使其满足墙面需要,如图 3-26 所示。

⑧在【UVW 贴图】修改器中的【Gizmo】子层级,利用【旋转】、【移动】、【缩放】等工具按钮,调整墙砖贴图与墙面位置,使其相吻合。

⑨单击【材质编辑器】水平工具栏中的【放入库】按钮,将制作的墙砖对象放入名称为【材质】的材质库中。

⑩利用【渲染】→【渲染】菜单,渲染输出。

图 3-26 建筑贴图后效果图

任务 3-2 灯光和摄影机应用

对于 3D 图形的现状而言，"接近真实照片"是一种常见选择。要达到这种真实效果，仅通过模型的精确化、细腻化是远远不够的。要体现出它的真实感与艺术性就必须通过精心地灯光效果处理与摄影机角度选择。

一、灯光使用

在三维场景中灯光的作用不仅仅是将物体照亮，而是要通过灯光效果向观众传达更多的信息。也就是通过灯光来决定这一场景的基调或是感觉，烘托场景气氛。要达到场景最终的真实效果，我们需要许多不同的灯光来实现，因为在现实世界中光源是多方面的，如阳光、烛光、荧光灯的光等，在这些不同光源下所观察到的事物效果也会不同。

(一)灯光类型

在 3ds Max 中灯光分为标准灯光和光度学灯光两大类。

1. 标准灯光

标准灯光是基于计算机的模拟灯光对象，如建筑中使用的灯光设备和太阳光本身。不同种类的灯光对象可用不同的方法投射灯光，模拟不同种类的光源。标准灯光种类如图 3-27 所示。

图 3-27 标准灯光种类

2. 光度学灯光

光度学灯光使用光度学(光能)值，就像在真实世界中一样，可以更精确地定义灯光。可以设置分布、强度、色温和其他真实世界灯光的特性。也可以导入照明制造商的特定光度学文件(光域网文件)，以便设计基于商用灯光的照明。光度学灯光种类如图3-28所示。

图 3-28　光度学灯光种类

(二) 默认灯光显示

在没有创建灯光的场景中，系统默认开启两盏灯，分别位于整个空间的右上方和左下方两个对角上，并且它们在场景中是不可见的，如果想要显示场景中的默认灯光，需要进行以下操作。

①单击【视图】→【视口按视图配置】菜单；在打开的对话框中默认灯光选项卡选择【2个默认灯光】选项，如图3-29所示。

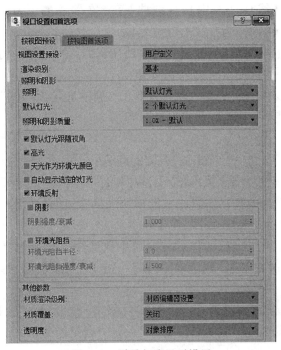

图 3-29　默认灯光显示设置

②选择【创建】→【灯光】→【标准灯光】→【添加默认灯光到场景】。

(三)灯光效果制作

1.泛光灯的创建

【泛光灯】为正八面体图形,是一种能向所有方向照射的灯光。泛光灯用于将【辅助照明】添加到场景中或模拟点光源。泛光灯可以投射阴影和投影。单个投影阴影的泛光灯等同于6个投影阴影的聚光灯,从中心指向外侧。泛光灯易于建立和调节,不用考虑是否有对象在范围外而不被照射。

☞ **案例 3-6**　泛光灯的创建和应用

制作要求:利用【泛光灯】【贴图】制作一个带有灯光效果的墙体模型。

制作目的:掌握【贴图】材质参数的设置和创建方法,掌握【泛光灯】的创建使用方法,能进行带有灯光效果的墙体模型制作。

操作步骤:

(1)创建墙壁

①新建文件,单位设置为厘米;

②在前视图中创建一个薄的长方体,长、宽、高分别为250、300、2(系统默认单位),勾选"建立贴图坐标",作为一堵墙赋予一种材质;

③在长方体中间绘制一个小的长方体,然后制作一幅画的材质,这将作为一个画框,将画框对齐到墙壁的表面,然后和墙壁组合到一起。

(2)创建灯

①利用【球体】、【线】、【车削】、【弯曲】等,在墙体的上方创建一个带有灯座的壁灯;

②执行【渲染】→【材质编辑器】→【精简材质编辑器】菜单命令,打开【材质编辑器】对话框;

③赋予灯泡灯光材质,将表面色改为淡黄色,自发光设为"100",透明度设为"95",反光度设为"35"(不能照亮别人,只是自己明亮)。

(3)创建泛光灯

①利用【泛光灯】工具按钮,在【顶】视图的灯泡中心创建一个泛光灯,然后在【前】视图对齐到灯泡中心;重复以上步骤,在【顶】视图的右下角创建一个泛光灯;

②选择第一个泛光灯,使用工具栏上的移动工具左边的【按名称选择】按钮,然后在弹出的面板中双击选择【泛光灯01】即可选中;

③进入修改面板,在卷展栏的【通用参数】中找到【倍增】改为"0.9",只使用90%的亮度,再往下找到【阴影参数】,复选中【打开】,物体在光照下将投射出影子,将【密度】改为"0.6",影子淡一些;

④选中第二个泛光灯,在【通用参数】中将【倍增】改为"0.5",只用一半的亮度,这样灯光就设好了,有灯的地方就明亮,照不到的地方就是黑的。

2．平行光的创建和应用

平行光包括目标平行光和自由平行光，主要用途是模拟阳光照射，对于户外场景尤为适用；如果制作体积光源，常用来模拟探照灯、激光光束等特殊效果。平行光被系统自动指定一个目标点，可以对物体进行选择性的照射，可以在【运动】命令面板中改变注视目标。

☞ **案例 3-7**　平行光的创建和应用

制作要求：利用【平行光】【泛光灯】等命令按钮制作一个带有灯光效果的房间局部模型。

制作目的：掌握平行光灯的创建使用方法，能进行带有灯光效果的房间局部模型制作。

操作步骤如下：

（1）创建房间局部场景

①新建文件，单位设置为米。

②选择【长方体】，创建两堵墙和一个地板，复选【建立贴图坐标】，形成室内一角，并对墙和地板赋予材质。

③利用【线】、【长方体】、【挤出】、【布尔】、【对齐】等，创建一个带有玻璃的窗户，并将玻璃和窗框赋予材质，如图 3-30 所示。

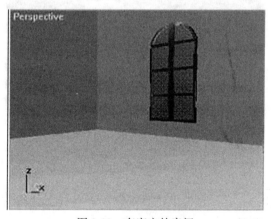

图 3-30　有窗户的房间

（2）创建两盏灯

在场景中建立一盏泛光灯作为辅助光，另一盏是平行光灯，用来模拟阳光的平行光。

①利用【泛光灯】工具按钮建立泛光灯，作为场景中的辅助光源将场景照亮，满足基本的照明需要。利用【修改】面板，修改泛光灯的参数，将泛光灯的强度设定为“110”，并将它放置在房间的中间位置。

②利用【目标平行光】工具按钮建立一个平行光。利用【移动】等工具按钮调整平行光灯的位置，如图 3-31 所示。

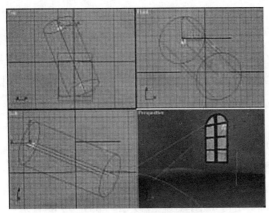

图 3-31　平行光位置

③进入【修改】命令面板，在【平行光参数】卷展栏中设定【聚光区/光束】为"180"，【衰减区/区域】为"400"。确定了平行光热点与衰减范围后，视窗效果如图 3-32 所示。

图 3-32　平行光照射下的房间效果

小贴士　创建灯光时，场景中灯光默认都会关闭，这样可以看到自己所创建的灯光效果。

二、摄影机使用

在 3ds Max 中，摄影机决定了视图中物体的位置和大小，主要用来表现物体的不同角度，可以从各种不同的角度对物体进行观察。在 3ds Max 中，摄影机是必不可少的组成部分，最后完成静态、动态图像都要在摄影机视图中表现。

(一)摄影机类型

摄影机可分为物理摄影机、目标摄影机和自由摄影机三种。

1. 物理摄影机

物理摄影机可以模拟真实相机的结构原理，包括镜头、光圈、快门和景深等。

2. 目标摄影机

目标摄影机用于观察目标点附件的场景内容。创建目标摄影机时，创建一个双图标，用于表示摄影机和摄影机目标。目标摄影机更容易定位，只需直接将目标对象定位在所需位置的中心。

3. 自由摄影机

自由摄影机用于观察所指定方向内的场景内容，多应用于轨迹动画的制作，例如建筑物中的巡游、车辆移动中的拍摄效果等。自由摄影机的方向能够跟随路径的变化而自由变化，如果要设置垂直向上或向下的摄影机动画时，也应当选择用自由摄影机。

(二)摄影机的使用

1. 摄影机的使用方法

①单击【创建】→【摄影机】，在面板中选择创建摄影机类型(【物理】、【目标】、【自由】)。

②选择视图(一般选择顶视图)，创建摄影机，并使其面向要成为场景中对象的几何体。

③选定摄影机，激活视口，然后按 C 键，为该摄影机设置摄影机。如果有多个摄影机，则选择某一要使用的摄影机，则将视图改为摄像机视图(或者右键单击视图标签，在弹出的快捷菜单中选择【摄影机】子菜单中摄影机名称，将视图改为摄像机视图)。

④使用摄影机视口的导航控件【平移】、【摇移】的【推拉摄影机】等按钮，调整摄影机位置、旋转和参数；或者在其他视口中，通过【选择并移动】、【选择并旋转】等工具，调整摄影机位置。

⑤渲染摄影机视口，查看摄影机使用后的场景效果。

2. 摄影机使用的案例

☞ **案例 3-8**　摄影机添加和使用

制作要求：利用【目标摄影机】在场景中添加两个摄影机，在不同的摄影机视口中观察场景。

制作目的：掌握【目标摄影机】的使用方法，能在场景中使用摄影机。

操作步骤：

①打开配套资源中"实训楼.MAX"文件。

②选择【创建】→【摄影机】→【目标摄影机】菜单命令，在【左】视口中由右向左拖动鼠标，创建一个目标摄影机。

③激活透视视图，按 C 键，将该视口转换为摄影机视口。

　　④选中摄影机，单击【修改】命令面板【参数】栏中【备用镜头】选项组中的 24mm 按钮，将【镜头】值修改为"24mm"，视野变大（如 90 度）；利用【选择并移动】等工具按钮，在视图中进一步调整摄影机位置，如图 3-33 所示。

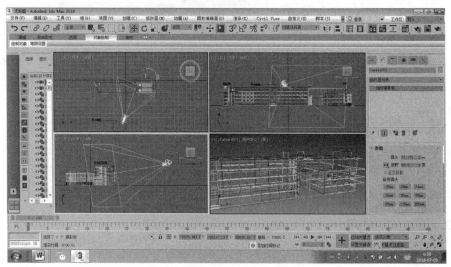

图 3-33　目标摄影机创建和调整

　　⑤选择【创建】→【摄影机】→【目标摄影机】菜单命令，在【顶】视口中拖动鼠标，创建第二个目标摄影机。

　　⑥激活【前】视口，并将前视口转变成第二个摄影机视口，调整摄影机的位置和参数。

　　⑦对场景的整体效果进行进一步设置，结果如图 3-34 所示。

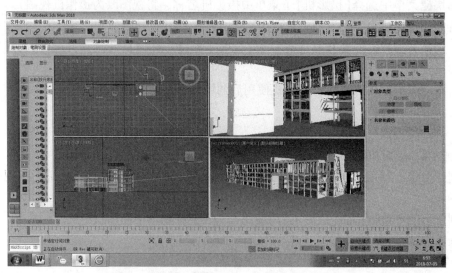

图 3-34　在不同的摄影机视口中观察场景的效果图

　　⑧保存文件。

小贴士　通过移动摄影机、切换视图等，配合动画功能，可以利用摄影机创建动画效果。

任务 3-3　动画制作

一、动画制作的方法

（一）认识动画

动画是指一切以单格记录的形式来存储成影片、视频或其他数码形式的总称。在 3ds Max 中，场景中对象的大小、形状、颜色、材质等在调整时都会发生变化，如果将变化的这一过程记录下来，就形成了动画。根据物体不同属性的变化，可分为基本动画、材质动画、粒子系统动画和动力学动画等。

（二）基本动画和复杂动画制作

1. 基本动画的制作方法

在 3ds Max 中提供了多种动画创建工具，其中基本的动画创建可直接利用动画播放界面进行，动画播放界面主要用于动画关键帧编辑和动画预览，包括时间滑块、轨迹栏和动画控制区（主要包括关键帧设置操作按钮和时间配置按钮），如图 3-35 所示。

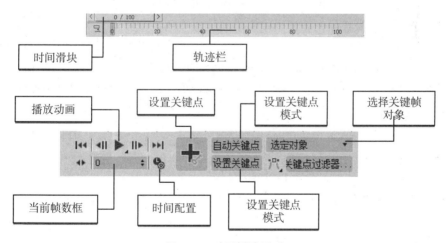

图 3-35　动画播放界面

2. 复杂动画的制作方法

更为复杂动画的创建则可运用其他工具，如【层级】面板、【运动】面板、【曲线】编辑器、动画控制区以及反向系统控制区等多种工具，如图 3-36 所示。

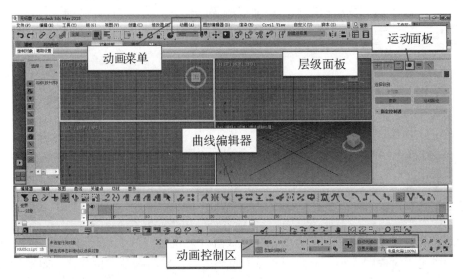

图 3-36 复杂动画创建的主要工具

二、动画制作

(一) 基本动画

在 3ds Max 中制作基本三维动画有自动关键点和设置关键点两种动画模式。两种模式可通过窗口下边的动画记录控制区中单击相应按钮来选择。

自动设置关键点模式是在轨迹栏中将时间滑块移到某个位置，系统自动将该时间设置为关键帧，场景中对象的变化将被自动记录下来，并自动演算出关键帧之间的过渡变化。该模式下，每次变换和更改对象动画参数时都会生成动画。

在设置关键点模式下要设置关键点，必需执行单击设置关键点按钮这一操作，且所有操作都需手动完成。

☞ **案例 3-9** 基本动画制作

制作要求：利用【动力学对象】、【动画】功能，创建一个运动的弹簧球。

制作目的：掌握【动力学对象】、【动画】功能的使用方法，能进行时间控制、关键帧的设置、使用运动面板等。

操作步骤如下：

(1) 对象创建

①打开 3ds Max 软件，重置一个新的场景；

②选择【创建】→【几何体】→【动力学对象】→【弹簧】工具，在顶视图中创建弹簧。高度为"15"，直径为"40"，圈数为"10"；将【弹簧参数】卷展栏中的【段数/圈数】设置为

"100"；【线框形状】中【圆形线框】直径设置为"2"，分段设置为"12"；

③在【顶】视图中创建一个长度、宽度均为 90 的平面，创建半径为 25 的球体，在视图中调整其位置。调整后的效果如图 3-37 所示。

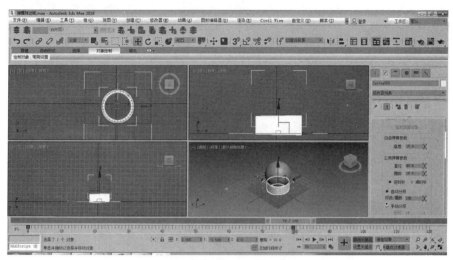

图 3-37 弹簧球场景创建效果

（2）对象修改

①选择创建的弹簧，进入【修改】命令面板；

②在【弹簧参数】卷展栏的【端点方法】选项组中选中【绑定到对象轴】单选按钮；

③单击【绑定对象】选项组中的【拾取顶部对象】按钮，在视图中选择【球体】，作为顶部对象；单击【绑定对象】选项组中的【拾取底部对象】按钮，在视图中选择【平面】，作为底部对象。结果如图 3-38 所示。

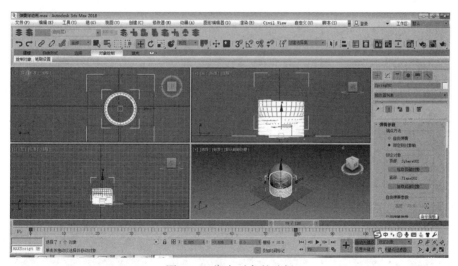

图 3-38 绑定对象的选择

（3）动画制作

①在【动画控制区】中单击【时间配置】按钮，在弹出的【时间配置】对话框中，将【动画】选项组中的【结束时间】设置为"120"，如图 3-39 所示，单击【确定】按钮。

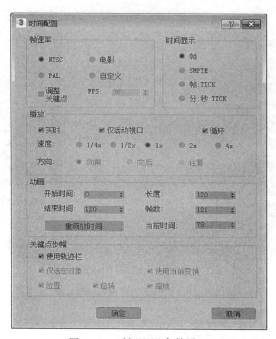

图 3-39　时间配置参数设置

②单击【自动关键点】按钮将【时间滑块】拖曳到 20 帧处。

③在【前】视图中选择球体，并沿 Y 轴向上拖动，如图 3-40 所示；再单击【自动关键点】按钮，关闭自动设置。

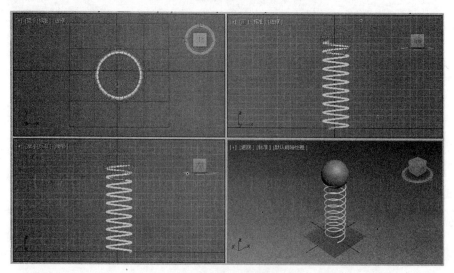

图 3-40　球体运动位置的确定

④进入【运动】命令面板，在【指定控制器】卷展栏中，选择【位置：位置 XYZ】，单击左上角的【指定控制器】按钮，在弹出的【指定控制器】对话框中，选择【弹簧】，如图 3-41 所示。

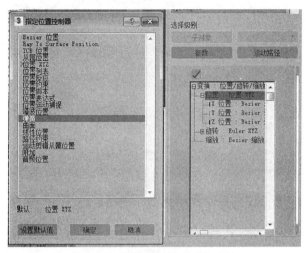

图 3-41　指定控制器中对象选择

⑤单击【确定】按钮，在弹出的【弹簧属性】对话框中，打开【弹簧动力学】卷展栏，在【点】选项组中的【质量】文本框中输入"5000"，【拉力】文本框中输入"2"；如图 3-42 所示。关闭【弹簧属性】对话框。

图 3-42　【弹簧动力学】卷展栏中的参数设置

⑥单击【动画控制区】中的【播放动画】按钮，会看到球体开始作往复运动的画面。

⑦若动画效果不满意，重新进行动画制作。

（4）文件保存

利用【文件】→【保存】，保存文件，并命名为"弹簧球"。

小贴士

【绑定对象】时，绑定的目标应该是物体的轴心，如果绑定的物体轴心不正确，可能得不到所需要的绑定效果。

（二）粒子系统

粒子系统是一个相对独立的造型系统，用于各种动画任务，主要用于表现动态的效果，与时间、速度的关系非常紧密。主要是在使用程序方法为大量的小型对象设置动画时使用粒子系统。例如，用来创建雨、雪、灰尘、泡沫、火花、水流或爆炸等，还可以将任何造型作为粒子。

在 3ds Max 中的选择【创建】→【几何体】→【粒子系统】，打开【粒子系统】命令面板，可以看到多种粒子系统类型，主要包括【喷射】、【雪】、【超级喷射】、【暴风雪】、【粒子阵列】和【粒子云】等。

☞ **案例 3-10** 喷泉动画制作

制作要求：利用【粒子系统】中【喷射】、【重力】等命令按钮，创建喷泉喷水的效果，如图 3-43 所示。

制作目的：掌握【粒子系统】中【喷射】、【重力】等制作动画的方法，能进行喷泉效果制作。

图 3-43 喷泉渲染效果

操作步骤如下：

①打开配套资源中"喷泉.MAX"文件。

②选择【创建】→【几何体】→【粒子系统】→【超级喷射】工具，在【顶】视图中创建一个

超级喷射粒子系统。

③选择【修改】命令面板，在【基本参数】卷展栏中，【轴偏离】和【平面偏离】下方的扩散文本框中都输入"30"，将【显示图标】选项组中【图标大小】设置为"1500"（根据水池大小设定），粒子数百分比为"100"，如图 3-44 所示；在【粒子生成】参数卷展栏中进行各项设置，如图 3-45 所示。

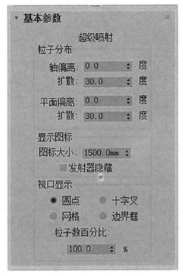

图 3-44　基本参数

图 3-45　粒子生成参数设置

④单击【对齐】、【移动并选择】，在视图中调整其位置；单击【播放】按钮，演示动画效果，调整后的效果如图 3-46 所示。

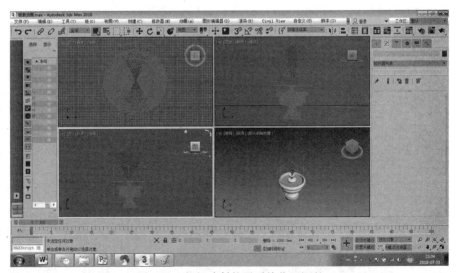

图 3-46　超级喷射粒子系统位置调整

⑤选择【创建】→【空间扭曲】→【力】→【重力】工具，在【顶】视图中创建一个重力系

统；选择【修改】命令面板，在【参数】栏中的【强度】文本框中输入"1.4"。

⑥在工具栏中单击【绑定到空间扭曲】按钮，在视图中选中粒子系统，按住鼠标向重力系统中进行拖动，在合适的位置上释放鼠标，使其与重力空间扭曲连接到一起。喷泉水流方向会发生变化，如图 3-47 所示。

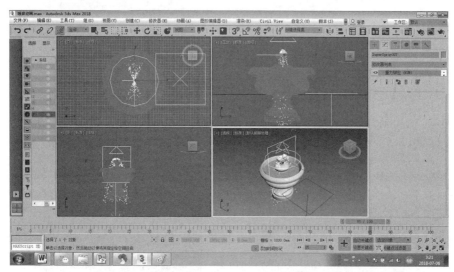

图 3-47　添加重力后喷泉效果

⑦选择【创建】→【空间扭曲】→【导向器】→【导向板】工具，在【顶】视图中创建一个【导向板】，在【参数】卷展栏中修改导向板参数；移动【导向板】到喷泉水面位置。

⑧在工具栏中单击【绑定到空间扭曲】按钮，在视图中选中粒子系统，按住鼠标向导向板中进行拖动，在合适的位置上释放鼠标，使其与导向板空间扭曲连接到一起。喷泉水流方向的高度会发生变化，如图 3-48 所示。

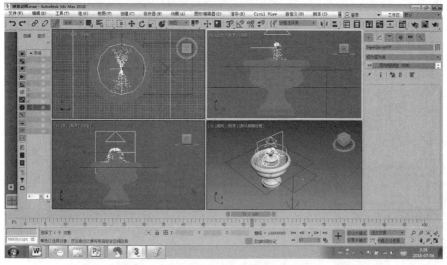

图 3-48　添加重力后喷泉效果调整

⑨在工具栏中单击【选择并移动】按钮，在视图中选择粒子系统并单击鼠标右键，在弹出的右键菜单中选择【对象属性】，弹出【对象属性】对话框，在【运动模糊】选项中选中【图像】单选按钮，在【倍增】文本框中输入"1.5"，如图 3-49 所示，单击【确定】按钮。

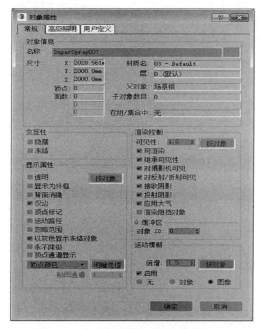

图 3-49 【对象属性】对话框参数设置

⑩将【材质编辑器】对话框中的【水珠】材质指定给粒子系统。

⑪单击【播放】工具按钮，观看此喷泉动画效果，若可以，利用【阵列】阵列 6 个该粒子系统，效果如图 3-50 所示。

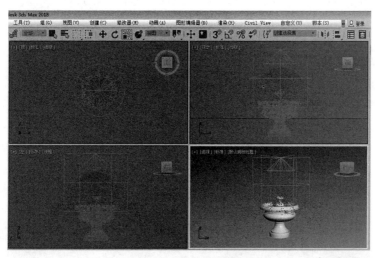

图 3-50 喷泉效果制作

⑫单击【渲染】，查看渲染后效果，如图 3-43 所示。

小贴士　【粒子系统】是三维动画中一个非常重要的功能，用户应根据需要选择粒子对象类型，制作动画效果。

(三) 运动动画

运动动画是指物体在三维空间的位置沿某一路径运动的动画。运动动画的难点在于对动画运动路径的精确控制。由于现实生活中物体运动的路径十分复杂，运动的方向和速度都在不断地变化，因此模拟真实世界中物体的运动就十分困难。

运动路径的编辑是在【运动】面板中进行的。【运动】命令面板主要用于对动画对象的设置和控制，包括【参数】和【运动路径】两个选项。其中【参数】用于分配控制器、创建和删除关键点；【运动路径】用于编辑运动路径线和关键点。所谓关键点是指视图中与关键帧相对应的点。

☞ **案例 3-11**　沿路径运动的小球

制作要求：利用【运动】命令面板，设置【运动路径】，创建沿轨迹运动小球的效果。

制作目的：掌握【运动】命令面板，设置【运动路径】等制作动画的方法，能进行轨迹参数的调整，进行沿轨迹运动小球的制作。

操作步骤如下：

①在 3ds Max 中新建文件，单位设置为 mm。

②选择【创建】→【几何体】→【基本几何体】→【球体】工具按钮，在【顶】视图中创建一个半径为 20 的球。

③选择【创建】→【图形】→【样条线】→【螺旋线】工具按钮，在【顶】视图中创建一个上下半径分别为 50、100，高 160，圈数为 6 的螺旋线，结果如图 3-51 所示。

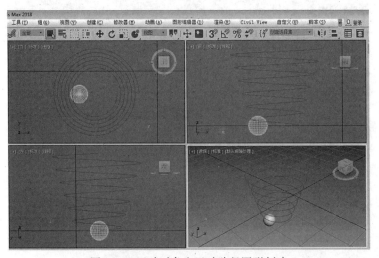

图 3-51　运动对象和运动路径图形创建

④选中小球，选择【运动】命令面板后单击【运动路径】按钮；将【转换工具参数】卷展栏中的【采样】数值设置为"30"，单击【转化自】按钮。

⑤单击场景中的螺旋线，将螺旋线设置为运动轨迹。这时出现红色的螺旋轨迹线，上面有 30 个白色小矩形框(关键点)，如图 3-52 所示。

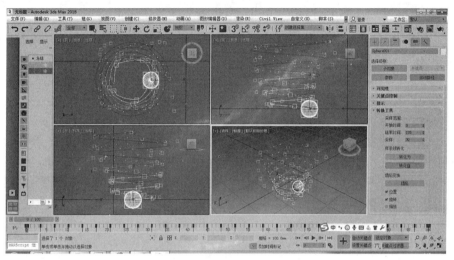

图 3-52　运动轨迹设置

⑥单击动画【播放】按钮，小球沿着螺旋线运动。

⑦保存文件，并命名为"沿路径运动球"。

小贴士 | 在 3ds Max 中，编辑简单运动路径可直接调整路径的相关参数来实现，而编辑复杂运动路径则需要运用路径视图来实现。

任务 3-4　渲染输出

渲染是整个三维模型制作过程中经常要做的一项工作，三维场景需要通过最终渲染才能表现出来。渲染可以基于三维场景创建二维图像或动画，从而可以通过所设置的灯光、所应用的材质及环境设置(如背景和大气)为场景的几何体着色。

一、渲染方法

3ds Max 2018 通过渲染器采用各种各样的渲染方法，可以把三维场景输出成图片或者动画。3ds Max 2018 中提供了【扫描线渲染器】、【Arnold Render 渲染器】和【VUE 渲染器】等类型的渲染器，同时也支持 VRay 渲染器等插件型渲染器。

1. 扫描线渲染器

在渲染时，默认情况下，软件使用默认【扫描线渲染器】生成特定分辨率的静态图像，并显示在屏幕上，一个单独的窗口中。使用【渲染场景】对话框可以创建渲染并将其保存到文件。渲染也显示在屏幕上的渲染帧窗口中。

2. Arnold Render 渲染器

3ds Max 2018 中 Arnold（阿诺德）Render 渲染器取代了 mental ray 渲染器，被集成到 3ds Max 软件中，成为 3ds Max 软件的默认渲染器。Arnold Render 渲染器的一个方便之处或者说是变化就在于它的很多参数名称更多采用的是真实的物理属性，比如材质中用"metalness"表示金属属性，数值高就接近金属，粗糙度用了"roughness"，数值越高越粗糙。3ds Max 2018 中有专门的 Arnold 灯光，Arnold 灯光遵循二次方衰减原则，这与实际状况一样。

3. Vray 渲染器

VRay 是一款专业的高级渲染器，为不同领域的优秀 3D 建模软件提供了高质量的图片和动画渲染。方便使用者渲染各种图片。VRay 渲染器主要分布在 3ds Max 的渲染参数的设置区域（渲染菜单区）、材质编辑区域（材质编辑器）、创建修改参数区域（创建修改面板）及环境和效果区域（环境和效果面板）4 个区域。

二、渲染设置

渲染场景前，需设置场景的渲染参数，以达到最好的渲染效果。选择【渲染】→【渲染设置】菜单（或按 F10 键），可打开【渲染设置：扫描线渲染器】对话框，如图 3-53 所示。

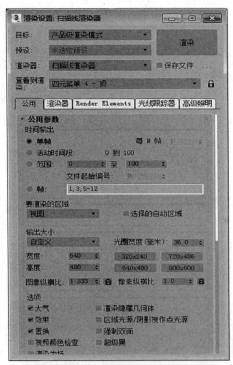

图 3-53 【渲染设置】对话框

利用该对话框中的参数可选择【目标】、【渲染器】等的类型，在不同类型下，在对应不同选项卡中可调整场景的渲染参数。在默认的【扫描线渲染模式】下，对各选项卡的参数进行设置。

1.【公用】选项卡

【公用】选项卡中的控件主要用于执行选择渲染器、更改输出大小、设置输出位置、制定渲染器等操作，如图 3-53 所示。

（1）【公用参数】卷展栏

【公用参数】卷展栏是场景渲染的主参数区。【时间输出】区中的参数用于设置渲染的范围；【输出大小】区中的参数用于设置渲染输出的图像或视频的宽度和高度；【选项】区中的参数用于控制是否渲染场景中的大气效果、渲染特效和隐藏对象；【高级照明】区中的参数用于控制是否使用高级照明渲染方式；【渲染输出】区中的参数用于设置渲染结果的输出类型和保存位置。

（2）【电子邮件通知】卷展栏

渲染复杂场景时，可在该卷展栏中设置通知邮件。当渲染到指定进度，出现故障或渲染完成后，系统就会发送邮件通知用户，用户则可以利用渲染的时间进行其他工作。

（3）【脚本】卷展栏

【脚本】卷展栏中的参数用于指定渲染前或渲染后要执行的脚本。

（4）【指定渲染器】卷展栏

【指定渲染器】卷展栏中的参数用于指定渲染时使用的渲染器，默认使用扫描线渲染器进行渲染。

2.【渲染器】选项卡

【渲染器】选项卡用于设置当前渲染器的参数，默认打开的是扫描线渲染器的参数，如图 3-54 所示，它包含【选项】、【对像运动模糊】等 7 个参数区。

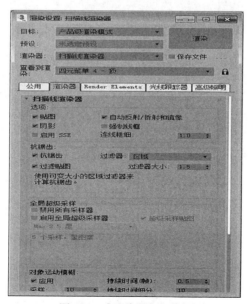

图 3-54　【渲染器】选项卡

（1）【选项】参数区

【选项】参数区中的参数用于控制是否渲染场景中的贴图、阴影、模糊和反射/折射效果。选中"强制线框"复选框时，系统将使用线框方式渲染场景。

（2）【抗锯齿】参数区

【抗锯齿】参数区中的参数用于设置是否对渲染图像进行抗锯齿和过滤贴图处理。

（3）【全局超级采样】参数区

【全局超级采样】参数区中的参数用于控制是否使用全局超级采样方式进行抗锯齿处理。使用时，渲染图像的质量会大大提高，但渲染的时间也大大增加。

（4）【对象运动模糊】和【图像运动模糊】参数区

【对象运动模糊】和【图像运动模糊】参数区中的参数用于设置使用何种方式的运动模糊效果，模糊持续的时间等。

（5）【自动反射/折射贴图】参数区

【自动反射/折射贴图】参数区中的参数用于设置反射贴图和折射贴图的渲染迭代值。

（6）【内存管理】参数区

选中"节省内存"复选框后，系统会自动优化渲染过程，以减少渲染时内存的使用量。

3.【Render Elements】选项卡

【Render Elements】选项卡用来设置渲染时渲染场景中的材质、大气等元素，具体操作如图 3-55 所示。

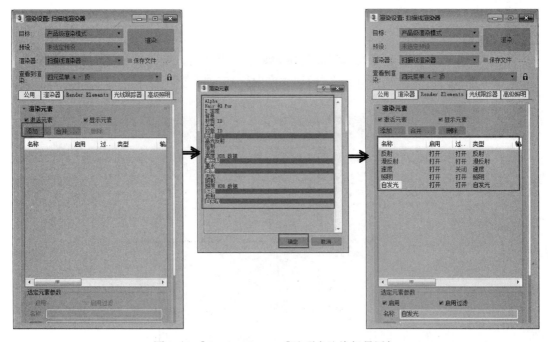

图 3-55 【Render Elements】选项卡渲染场景添加

4.【光线跟踪器】选项卡

【光线跟踪器】选项卡用来设置光线跟踪渲染的参数。该选项卡包含一个【光线跟踪器全局参数】卷展栏，如图 3-56 所示。

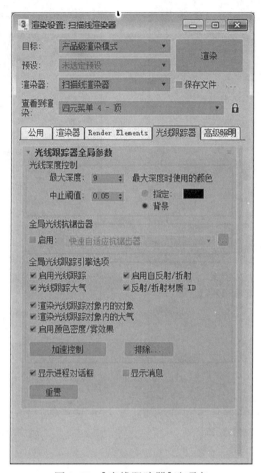

图 3-56　【光线跟踪器】选项卡

【光线跟踪器全局参数】卷展栏中各控件参数调整，它们影响场景中所有光线跟踪材质和光线跟踪贴图，也影响高级光线跟踪阴影和区域阴影的生成。这些控件只调整默认【扫描线渲染器】的光线跟踪设置，不影响其他渲染器。

5.【高级照明】选项卡

【高级照明】选项卡用来设置高级照明渲染的参数，它有【光跟踪器】和【光能传递】两种渲染方式，如图 3-57 所示。

（1）【光跟踪器】方式

【光跟踪器】方式比较适合渲染照明充足的室外场景，其缺点是渲染时间长，光线的相互反射无法表现出来；【光跟踪器】方式各参数设置如图 3-58 所示。

（2）【光能传递】方式

【光能传递】方式主要用来渲染室内效果和室内动画，通常与光度学灯光配合使用。【光能传递】方式各参数设置如图 3-58 所示。

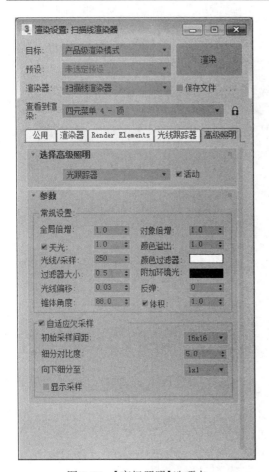

图 3-57　【高级照明】选项卡

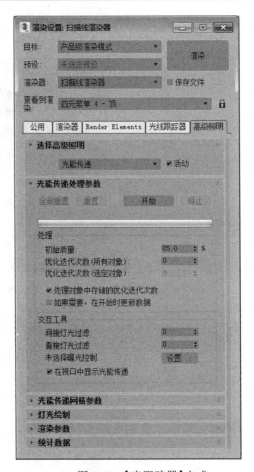

图 3-58　【光跟踪器】方式

三、环境和效果设置

(一)渲染环境设置

选择【渲染】→【环境】菜单(或按主键盘的 8 键)可打开【环境和效果】对话框的【环境】选项卡,如图 3-59 所示。利用该选项卡中的参数可以设置场景的背景、曝光方式和大气效果等。

1.【公用参数】卷展栏

【公用参数】卷展栏中的参数用于设置场景的背景颜色、背景贴图及全局照明方式下光线的颜色、光照强度、环境光颜色。

2.【曝光控制】卷展栏

【曝光控制】卷展栏中的参数用于设置渲染场景的曝光控制方式。其中,【曝光类型】下拉列表框用于设置场景的曝光控制方式;【处理背景与环境贴图】复选框用于控制是否对场景的背景和环境贴图应用曝光控制。

3.【大气曝光控制】卷展栏

使用该卷展栏中的参数可以为场景添加大气效果，以模拟现实中的大气现象。例如，单击【添加】按钮，弹出【添加大气效果】对话框，选择【雾】效果，单击【确定】，雾效果添加到环境对话框中，具体如图 3-59 所示。

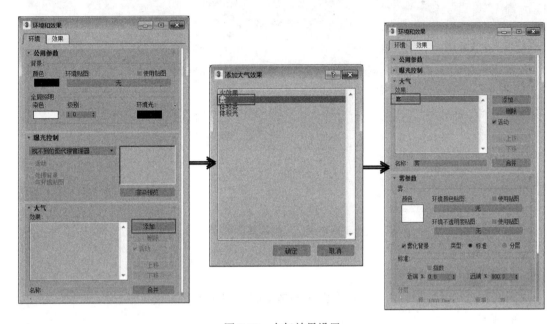

图 3-59　大气效果设置

(二) 渲染效果设置

选择【渲染】→【效果】菜单可打开【环境和效果】对话框的【效果】选项卡。单击选项卡中的【添加】按钮，在打开的【添加效果】对话框中双击任一渲染特效，即可将其添加到场景中，如图 3-60 所示。

使用渲染特效可以为渲染图像添加后期处理效果，如摄影中的景深效果，灯光周围的光晕、射线等。3ds Max 2018 为用户提供了多种渲染特效，各渲染特效的用途如下：

1. 毛发和毛皮

该渲染特效用来渲染添加毛发的场景，为模型添加【毛发】和【毛皮】修改器时，系统会自动添加该渲染特效。

2. 镜头效果

镜头渲染特效可以模拟摄影机拍摄时灯光周围的光晕效果。

3. 模糊

模糊可以将渲染图像变模糊，它有均匀型、方向型和径向型三种模糊方法。

4. 色彩平衡

色彩平衡渲染特效可以分别调整渲染图像中红、绿、蓝颜色通道的值，以调整渲染图像的色调。

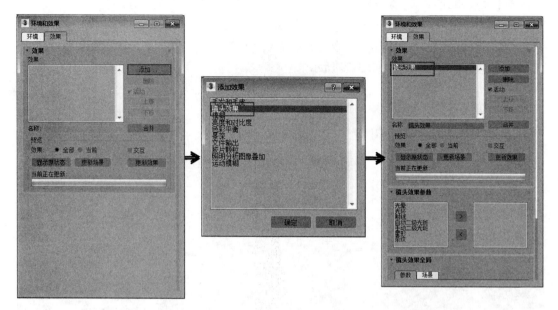

图 3-60　渲染效果设置

5.亮度和对比度

亮度和对比度渲染特效可以改变渲染图像的亮度和对比度。

6.景深

景深渲染特效可以非常方便地为摄影机视图的渲染图像添加景深效果，以突出表现场景中的某一对象(相对于摄影机自带的景深效果来说，景深渲染特效的渲染时间短，且易于控制)。

7.文件输出

在效果列表中添加文件输出效果后，应用后面的效果前系统会为渲染图像创建快照，以便于用户调试各种渲染效果。

8.胶片颗粒

使用胶片颗粒渲染效果可以为渲染图像加入许多噪波点，以模拟胶片颗粒效果。

9.运动模糊

使用运动模糊渲染效果可以模拟摄影机拍摄运动物体时，物体运动瞬间的视觉模糊效果，以增强渲染动画的真实感。

四、渲染输出

(一)渲染静态图像

静态图像是 3ds Max 中一种主要的渲染输出结果，渲染静态图像的步骤如下：

①激活要进行渲染的视口；

②单击选择【渲染】→【渲染设置】菜单（或主工具栏 中【渲染设置】工具按钮），打开【渲染设置】对话框；

③使【渲染设置】对话框中【公用】选项卡处于活动状态；

④在【公用参数】卷展栏上，选中【时间输出】组，确保选择【单个】选项；

⑤在【输出大小】组中，设置其他渲染参数或使用默认参数；

⑥单击【渲染】按钮（或按 F9 键）。默认情况下，渲染输出会显示在【渲染帧窗口】中。

（二）渲染动画

3ds Max 通过渲染器，可以把三维场景输出成动画，要渲染动画，主要执行以下操作：

①激活要进行渲染的视口；

②单击选择【渲染】→【渲染设置】菜单（或主工具栏中【渲染设置】工具按钮），打开【渲染设置】对话框；

③使【渲染设置】对话框中【公用】选项卡处于活动状态；

④在【公用参数】卷展栏上，转到【时间输出】组，在【范围】参数中，选择输出动画的时间范围；

⑤在【输出大小】组中，设置其他渲染参数或使用默认参数；

⑥在【渲染输出】组中，单击【文件】；

⑦在【渲染输出文件】对话框中，指定动画文件的位置、名称和类型，然后单击【保存】；

⑧将显示一个对话框，用于配置所选文件格式的选项。更改设置或接受默认值，然后单击【确定】继续执行操作；

⑨将启用【保存文件】复选框；

⑩单击【渲染】（或 F9 键）按钮，渲染该动画。

 小贴士　若已设置一个时间范围，但未指定保存到的文件，则只将动画渲染到该窗口。这是一个错误操作，因此就此发出一条警告。

（三）渲染输出文件

使用【渲染输出文件】对话框，可以为渲染输出的文件制定名称，还可以决定要渲染文件的类型。根据文件类型的选择，还可以设置一些选项，如压缩、颜色深度和质量等。

渲染输出文件的操作步骤如下：

①打开要渲染的场景文件，激活要渲染的视口。

②选择【渲染】→【渲染设置】命令，然后在弹出的【渲染设置】对话框中【公用】选项卡的【公用参数】卷展栏的【渲染输出】选项组中，单击【文件】按钮，则弹出【渲染输出文件】对话框。

③在【文件名】文本框中，输入要素渲染的文件名称；在【保存在】下拉列表框中选择保存渲染文件的目录；从【保存类型】下拉列表框中选择要渲染的文件类型；单击【保存】按钮即可关闭【渲染输出文件】对话框。

④在【渲染输出】选项组的底部，取消选中【渲染帧窗口】复选框，如图 3-61 所示。

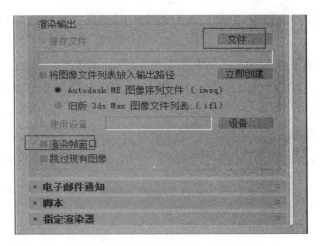

图 3-61　渲染输出文件时设置

⑤单击【渲染设置】对话框右下角的【渲染】按钮。将图像渲染到指定文件，而不是渲染到【透视帧】对话框。

☞ **案例 3-12**　室外光跟踪器的渲染

制作要求：利用【光跟踪器】、【环境】等功能，设置场景渲染的效果，创建带有光线跟踪和环境的效果。

制作目的：掌握【光跟踪器】、【环境】等使用方法，能进行场景渲染的效果设置，进行渲染效果制作。

操作步骤如下：

①在 3ds Max 中打开【室外别墅 . MAX】文件（该场景中添加了一个标准灯光中的天光和一个目标聚光灯）。

②选择【渲染】→【光跟踪器】命令，在弹出的【渲染设置】对话框中的【高级照明】选项卡中进行参数设置，如图 3-62 所示。

③单击【渲染】→【环境】命令，在打开的【环境和效果】对话框中单击【环境贴图】下的按钮，在打开的【材质/贴图浏览器】对话框中双击【位图】，从中打开已有资源中的【别墅

背景.jpg】文件，作为背景。

④单击【渲染设置】对话框下的【渲染】按钮，系统进行渲染。

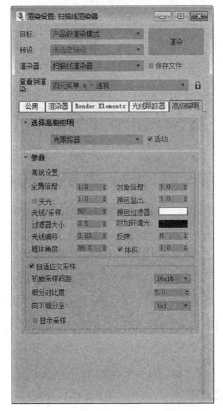

图 3-62　【高级照明】选项卡参数设置

☞ **案例 3-13**　弹簧球动画效果渲染

制作要求：利用【渲染设置】、【渲染输出文件】等功能，设置动画渲染的时长、路径及效果，制作带有动画的渲染效果。

制作目的：掌握【渲染设置】、【渲染输出文件】等使用方法，能进行场景动画渲染的时长、路径及效果进行动画渲染效果制作。

操作步骤：

①在 3ds Max 中打开"弹簧球.MAX"文件（该场景中制作了弹簧球来回弹出的动画）。

②激活【透】视口，单击选择【渲染】→【渲染设置】菜单（或主工具栏中【渲染设置】工具按钮），打开【渲染设置】对话框。

③将【渲染设置】对话框中【公用】选项卡置于活动状态。

④在【公用参数】卷展栏上，转到【时间输出】组，在【范围】下，选择时间范围为"0~50"；在【输出大小】组中，设置其他渲染参数或使用默认参数，如图 3-63 所示。

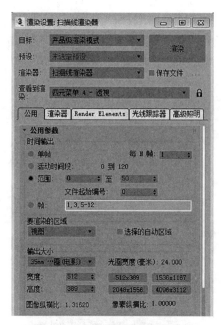

图 3-63 动画时间输出范围设置

⑤在【渲染输出】组中，单击【文件】；在【渲染输出文件】对话框中，指定动画文件的位置、名称为【弹簧球动画】和类型为【.AVI】，然后单击【保存】。

⑥将显示一个对话框，用于配置所选文件格式的选项。更改设置或接受默认值，然后单击【确定】继续执行操作。

⑦将启用【保存文件】复选框。

⑧单击【渲染】（或 F9 键）按钮，渲染该动画，渲染时间较长，如图 3-64 所示。

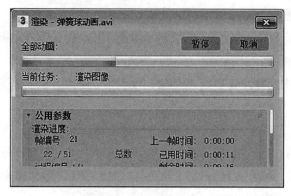

图 3-64 动画渲染中

⑨渲染成功后生成【弹簧球动画.AVI】，打开该文件，可以看到动画效果，如图 3-65 所示。

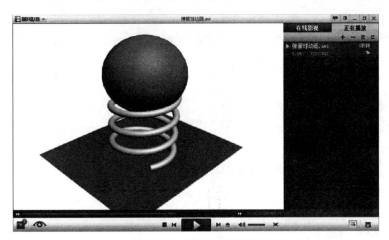

图 3-65　渲染后动画播放

职业能力训练

训练一　材质贴图制作和使用

一、实训目的
①掌握材质编辑器的组成和各部分功能；
②掌握各种材质的制作和使用方法；
③掌握贴图材质的制作和使用方法；
④能进行材质和贴图的制作和使用。
二、实训内容
①金属材质制作和使用；
②布料材质和贴图制作和使用；
③塑料材质制作和使用；
④建筑材质和贴图制作和使用；
⑤材质库的制作和使用。

训练二　灯光和摄影机添加

一、实训目的
①熟悉灯光的类型和效果；
②熟悉摄影机的类型和效果；
③掌握灯光和摄影机的添加和使用方法；
④能进行场景总灯光和摄影机的添加和调整。
二、实训内容
①为场景添加灯光；
②为场景添加摄影机；

③调整灯光和摄影机，制造夜色效果；

④利用摄影机从不同视角进行场景效果的观看。

训练三 动画效果制作

一、实训目的

①熟悉动画制作方法；

②能进行路径动画制作；

③能利用粒子系统进行动画效果制作。

二、实训内容

①绘制场景中对象；

②进行路径动画制作；

③进行爆炸动画制作；

④进行其他动画制作。

训练四 场景渲染输出

一、实训目的

①熟悉渲染设置对话框中各选项卡内容；

②掌握渲染设置类型和方法；

③能进行场景二维图像渲染输出；

④能进行场景动画渲染输出。

二、实训内容

①二维对象的三维效果图渲染输出；

②场景建模结果的渲染输出；

③场景动画渲染输出；

④场景特殊效果添加及渲染输出。

思考与练习

1. 简述材质编辑器的组成及各部分功能。

2. 以玻璃材质为例，说明材质的制作方法和过程。

3. 以建筑贴图为例，说明材质贴图的制作方法和过程。

4. 3ds Max 中灯光和摄影机如何分类？如何制作光线透过窗户照射入室内的效果？

5. 简述 3ds Max 中动画类型和制作方法。

6. 渲染设置的内容有哪些？

7. 举例说明如何进行动画效果渲染输出？

项目四　基于地图的 CAD 交互式三维建模

【项目概述】

在三维 GIS 建模中，基于地图的三维建模技术是应用较早的方法，早期对建筑结构精细度和纹理清晰度等要求不高，常用 GIS 地图数据大面积的自动基础模型，并赋予纹理。随着三维模型使用要求的提高，基于地图的 CAD 交互式三维建模方式提供了新的解决方案。目前，CAD 交互建模是高精度三维 GIS 联系模型生产的主要生产方法。在实际中，AutoCAD 和 3ds Max 软件应用较广泛，CAD 以其强大的三维建模与编辑功能，在城市三维建模领域与三维 GIS 的联系越来越紧密。本项目以校园三维 GIS 建设为例，主要介绍三维建模数据采集、数据处理、三维模型建立输出和校园三维 GIS 建立等；通过典型案例，详细讲述了基于地图的 CAD 交互式三维 GIS 建模的制作方法、特点和制作过程。

【学习目标】

①掌握基于地图的 CAD 交互式三维建模的内容及方法；

②能进行三维建模数据采集、数据处理；

③能进行三维模型建立输出；

④能结合 GIS 软件，进行校园三维 GIS 的建立。

任务 4-1　三维建模数据采集

一、三维建模数据采集内容

三维建模数据采集包括平面资料采集、高程资料采集、高度资料采集、纹理资料采集、多媒体属性信息的收集、整理和加工等。本节详细介绍平面资料采集、高程资料采集和纹理资料采集。

（一）平面资料采集

1. 常用平面资料

三维城市模型在可视化中首先给人的感受是直观的三维空间形状和逼真的纹理，而三维空间形状需通过物体准确的三维空间信息来建立。平面控制资料主要是用于定义和控制三维模型的空间位置、形状、尺寸，控制建模对象的外观轮廓，保证三维模型的平面位置精度。

目前，大多数数字区域的三维建模为了保证必要的空间精度和结构精度，主要还是使用基本比例尺地形图作为控制依据，用到的平面数据资料一般包括：

　　①1∶500、1∶1000、1∶2000 地形图。

　　②现势性较好的高分辨率的航空或航天影像。

　　③重点建筑的平面图、立面图、剖面图等详细图纸。

　　④现状管线的矢量数据。

　　⑤交通资料、地名地址资料、土地调查权属等资料。

　　⑥其他因建设所需要的平面资料。

　　2. 数据要求

　　(1) 现势性

　　建模的原始资料应该满足项目现势性要求。或者根据项目现势性要求，重新获取测区新的三维空间信息数据用于模型生产。根据项目实施的经验，一般情况下重新获取数据的费用较高，因此通常根据项目的实际需要，对现有数据的可用性和现势性进行评估，综合评估结果和项目要求，对数据进行必要的更新。

　　(2) 精确性

　　根据不同精度和细节层次要求选用不同比例尺的地图资料，在精细建模区域一般需要较大比例尺的矢量数据资料，包括规划设计数据、1∶500 地形图、建筑施工图等。

　　(3) 统一性

　　对于一个 GIS 而言，坐标系统是一个很重要的技术指标，一个项目或一个测区的源数据坐标系应统一，不统一则需要进行坐标转换到相同的坐标系统。

　　(4) 详细性

　　数据收集尽可能详细，为三维建模项目的实施提供充分的基础数据准备。规划区建模时还需要规划效果图等图片资料。

　　3. 数据来源

　　(1) 地形图

　　地形图生产一般通过全野外地形测量和航空摄影测量两种方式实现，数据最终成果一般存档在国土局、规划局等测绘主管部门，可依据政府项目的立项文件申请使用。

　　(2) 遥感影像

　　遥感影像一般通过航空或航天遥感的方式获取，成果通常存档在国土、规划等测绘主管部门，环保、水利、公安等其他非测绘部门也可能存有，可在开展三维项目时，请求建设单位进行收集和获取。

　　(3) 区域性规划数据

　　区域性规划数据如总体规划、区域规划、专项规划、修建性详细规划等资料，通常由规划部门存档和使用。

　　(4) 重点建筑

　　重点建筑的详细施工建设图纸，通常有建筑设计、施工、竣工等图纸，一般由城市建设档案管理部门汇总，建设单位、设计单位、施工单位通常也存有其经营的建筑项目相关图纸资料。

（5）管线数据

管线数据包括管线施工前的设计图纸、管线建设后的竣工测量成果及现状管线的探测资料。一般由市政工程建设主管部门、规划部门或各专业管线的主管部门存档和使用，包括给水、污水、电力、电信、煤气、公安等管线数据资料。

（6）属性资料

地形地物的相关属性可在大比例尺地形图、专题地图等专项数据上提取，也可由实地调查采集。交通、民政、统计、工商等相关资料一般来自政府的各职能部门，可依据项目立项资料申请使用。

（二）高程资料采集

1. 常用高程资料

三维建模常用的高程控制资料有 DEM、DSM、高程点、激光点云数据、航测立体相对、建筑设计数据，通过航测采集的建筑物顶部三维矢量线、建筑物顶部高程点等。在三维地形模型生产中主要以 DEM、DSM、激光点为高程控制数据。在建筑模型生产中主要以建筑设计施工图纸、建筑顶部三维矢量线和建筑顶部高程点为高度控制数据。

2. 数据要求

①高程控制资料与平面控制资料应是同一时间节点的数据。

②建筑屋顶的三维矢量线在平面位置投影的外轮廓应与平面控制数据外轮廓一致，坐标系统应一致。

③屋顶三维矢量线同一平面的点须构成面，不应出现实际建筑中同一高度的面，在矢量数据中存在各角点高差。

④屋顶高度点应标注在实际测高位置在地图平面投影的同名位置中。

⑤所有控制数据的坐标系应统一为三维建模要求的坐标系。

⑥数据应为矢量格式。

3. 数据来源

高度控制数据一般的获取方法为：

①DEM 数据可采用航空摄影测量、激光扫描、传统测量等方法生产，也可利用已有地形图的等高线与高程点编辑生成。

②屋顶三维矢量线与地物高度点一般可通过航空摄影测量、三维激光扫描、传统测量等方法采集，并编辑成包含高度信息的地物轮廓线或直接在地物底部和顶部标注高程点。

③实地采集地物高度数据一般通过测量工具(全站仪、激光测距仪、近景摄影测量设备、GPS、激光扫描仪、皮尺等)进行外业测量，获取地物的高程信息。

④其他资料是指目标物在施工、设计、规划等建设过程中的高度数据。

（三）纹理资料采集

三维建模工作中，纹理数据的生产一般通过用数码相机在实地拍摄和用数码航摄仪倾斜摄影两种方法完成。航空倾斜摄影采集的纹理分辨率较低，倾角较大，隐部、下部纹理很难采集到，主要应用在对纹理要求不高的模型生产中。实地人工数码相机拍摄的纹理分辨率高，目标对象的细节结构也较容易采集到，是当前"数字城市"三维建模生产中纹理采集的主要手段，但全人工采集工作量很大，工期长，成本高。人工外业采集纹理主要流程如图 4-1 所示。

(a) 建筑物纹理采集流程

(b) 地形景观纹理采集流程

图 4-1　人工外业采集纹理主要流程

二、校园三维 GIS 建模数据采集

校园三维 GIS 建模首先要完成的是对场景的三维建模数据采集，下面主要介绍建筑物数据、地形数据和纹理数据采集。

(一) 建筑物数据获取

校园三维模型中最主要的对象是建筑物，在三维建模过程中，建筑物数据内容包括建筑物的几何数据与高度数据。建筑物的几何数据通常指俯视建筑物时看到的它投影到地面的轮廓线。由于这种表达方式只能表示建筑的平面信息，因此，在三维建模过程中，还需要获取其高度信息数据，才能够反映真实的建筑物的特点与风格。校园三维 GIS 建模中，根据建模区域的大小、现有资料和自身的技术水平和条件等因素，采用的获取建筑物几何数据和高度数据的主要方法有：

①收集了学院的教学楼、实验楼和学生宿舍楼等建筑物单体的平面图和立面图，获取部分建筑的精确的平面尺寸和高度尺寸；

②收集学院 1∶1000 的地形图数字测图成果，获取建筑物的轮廓和平面位置的数据；

③利用全站仪进行地形图的补测，进行地形图的更新，获取新建建筑物的轮廓和平面位置数据；

④采用悬高测量方法和建筑物楼层的高度和楼层数粗略估算高度的方法，获取部分建筑物的高度数据。

(二)地形数据获取

由于整个校园地形不可能是处处平整的，很多地方地形起伏较大。因此，在三维校园可视化建模过程中，除了建筑物建模外，还有一个不可忽视的方面就是地形的建模。地形建模离不开数据源的支持。一个完整的、直观的地形模型展现需要 DEM 或 TIN 数据来进行反映。

数据点是建立数字地面模型的基础。模拟地表的数字模型函数式的待定参数就是根据数据点的已知信息(X，Y，Z)来确定的。目前，三维建模中 DEM 数据的获取途径主要有以下几个方面：

(1)地面测量

利用全站仪等测绘仪器在野外实测。利用获取的高程点数据构建规则格网 Grid 或者不规则三角网 TIN 得到 DEM。由于高程点是实测得到的，因此结果精度较高，成本较低，获取较容易，也是目前较为常用的方法之一。

(2)现有地图数字化

这是对已有地图上的信息(如等高线、地形线等)进行数字化的方法。目前常用的数字化设备有手扶跟踪数字化仪与扫描数字化仪。前者数据量小、处理简单，但速度慢、工作量较大；后者速度快，便于自动化，但获取数据量大且处理复杂。

(3)摄影测量方法

摄影测量是空间数据采集最有效的手段，它具有效率高、劳动强度低等优点。利用数字摄影测量工作站(如 JX-4、VirtuoZo 等)对航空影像、卫星影像等进行量测获取 DEM 或者等高线数据。大部分操作可以批处理自动进行，适合大范围的地形数据的处理与获取。

(4)通过 SAR 获取 DEM

这种方法不受作业时间的限制，可以全天候作业，获取影像的分辨率较高，但生产成本也比较高，目前应用得还不是很广。

(5)通过机载激光扫描设备进行获取

这种方法获取的数据精度较高，同样可以全天候作业，获取数据的现势性较强，但它所获取的数据不含有明显的拓扑几何信息。

本次利用全站仪和 GPS 等测绘仪器采用数字化测图的方法，获取研究区的高程点数据。利用获取的高程点数据构建规则格网 Grid 或者不规则三角网 TIN 得到 DEM。由于高程点是实测得到的，因此结果精度较高，成本较低，获取较容易。如图 4-2 为收集的 AutoCAD 格式的校园地形图。

(三) 纹理数据获取

校园三维 GIS 建模中不仅要有模型，而且模型表面的纹理颜色也很重要，如果只是单纯的色块式表达的建筑模型则毫无生动感可言，而真实的纹理效果则为使用者带来身临其

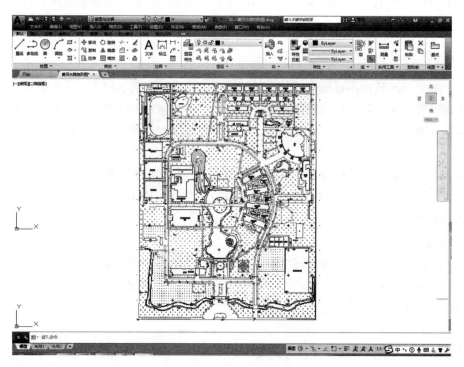

图 4-2　实测 1∶1000 的校园地形图

境的感觉。相对而言建筑物侧面纹理的获取遇到了与建筑物高度获取同样的问题，纹理获取方法可以概括为如下几种：

（1）计算机做简单模拟绘制

由计算机做简单模拟绘制方法采用了矢量纹理，其优点是数据量少、建立的模型浏览速度快，但缺乏真实感。

（2）地面摄影像片直接提取

地面摄影像片直接提取方法需要用相机拍摄大量的建筑物侧面照片，其获取速度慢，且涉及数据量大，后续处理工作量也很大，但所建模型真实感强。

（3）摄影像片生成

根据摄影像片由计算机生成具有相似的纹理的建筑物，使用计算机提取其特征纹理，对这些建筑物进行批量处理，可以大大减少纹理获取量和后续处理的工作量，但与前种相比较，模型的真实感较弱。

（4）空中影像获取

由空中影像获取这一方法主要获取地面影像。另外，由于在空中影像中也含有部分建筑物的侧面纹理，为了减少工作量可以对这些纹理进行提取并加以处理，但这种方式所获取的纹理变形较大，真实感也较差。

本次采用计算机简单模拟绘制和数码相机拍摄方法，获取纹理数据，以展现建筑物逼真的视觉效果。如图 4-3（a）（b）（c）（d）为用数码相机获取的 8 号实训馆的部分照片。通过数码相机采集各建筑物的外形轮廓，从而获得三维地物建模所需的纹理图片，由于受建筑物高度、拍摄距离、透视关系、光照条件等因素的影响，拍摄的图片比例失调，不能直接用作纹理，须对每张图片用 Photoshop 等图像处理软件进行裁切、变换等处理，使之成为正射状态。

（a）窗户照片　　　　　　　　　　　　　　　（b）南侧照片

（c）西侧照片　　　　　　　　　　　（d）东北侧照片

图 4-3　8 号实训馆部分照片

任务 4-2　三维建模数据处理

一、三维建模数据处理流程

数据采集完成后就可以对数据进行加工处理，以在建模的过程中使用。图 4-4 为数据处理流程图。

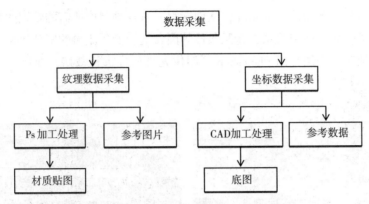

图 4-4 校园三维建模数据处理流程图

二、三维建模数据处理

(一) 建筑物数据处理

对于收集到的校园平面图形和建筑物图纸，由于时间过早及实际施工差异等问题，有许多需要处理的地方。于是在模型建立工作之前，需在 AutoCAD 软件中进行一些图样编辑之类的前期处理工作。

1. 实测数据的处理

对比实际校园的地形图中建筑物的平面图形，若有差异，将地形图中建筑物的平面形状进行提取，一个建筑物的形状存为一个 CAD 的文件，采用全站仪测量的数据作为建筑物的高度。

2. 图纸资料的处理

若收集的图纸资料与实际一致，则对图纸资料进行处理，提取出建筑物的平面图形和高度数据。现以 8 号实训馆为例描述矢量图处理的过程：

①将现有的 dwg 格式的总图导入到 AutoCAD 中，如图 4-5 所示。

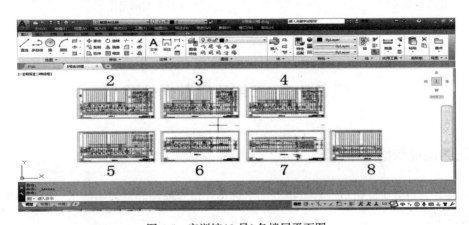

图 4-5 实训馆(8 号)各楼层平面图

②由于这幅图中包含了很多不能用到的图层，因此要把那些没用的图层全关闭或者删除。打开【图层编辑】命令，把除"轮廓线"以外的全部图层删除。

③把各个楼层复制到新的文件中然后对各个楼层逐一编辑。

④用 PL 线(多段线)描绘各楼层轮廓线，并且闭合，把底线删除。

⑤由于此幅图中单位是毫米，因此转换成米时要缩小 1000 倍。在【编辑】工具栏中选【比例缩放】命令对底图进行缩放，比例因子填"0.001"，之后进行文件保存，如图 4-6 所示。

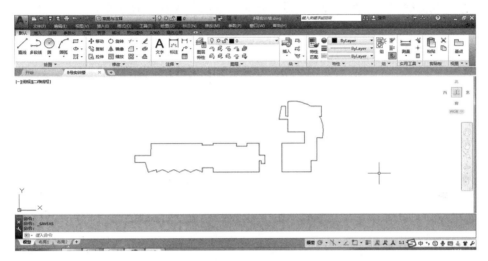

图 4-6　实训馆(8 号)处理后一层平面图

⑥以同样方法对立面图和侧面图进行处理，只留建筑轮廓、窗户、门以及必需的参考线，通过标注获取高度及细节信息，如图 4-7 所示。

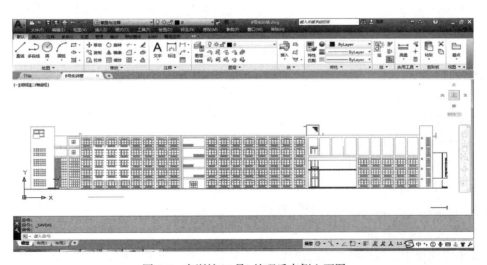

图 4-7　实训馆(8 号)处理后南侧立面图

(二)纹理数据处理

1. 纹理数据处理流程

同纯几何图形数据相比，像片纹理要占用大量的储存空间。因此，如何减少影像数据的存储空间，是建立校园真实感 3D 景观模型中必须考虑的一个问题。考虑到一般模型外观构型的对称性和规律性，可以对像片纹理进行分割。例如，把建筑物立面像片纹理的窗户、阳台、建筑层等分割出来，以位图的形式加以存储，类似于地形图中的一些图式符号，在这里我们称之为图像符号。在进行建筑物立面的纹理贴加时可调用像片符号，最终完成整个像片纹理的拼接组合。纹理数据处理的具体流程如图 4-8 所示。

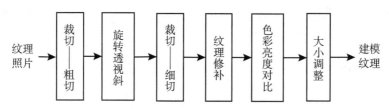

图 4-8　纹理数据处理流程

2. 纹理数据处理要求

纹理数据处理的要求主要有：

(1)截取最小有效部分图

在满足贴图画面质量的情况下，适当减少图像的高度或宽度，并保持图像的纵横比(Aspect Ratio)。一般将图像的高度或宽度设置为 2 的 N 次幂如 128、256 等，并小于 1024 ×1024。

用 Photoshop 打开照片，选择 Photoshop 左侧工具栏中的裁剪工具，把不需要的部分剪裁到合适尺寸即可。查看剪裁后图片尺寸的办法是，点击菜单中的【图像】，选择【图像大小】即可看到，如果尺寸不合适，可撤销刚才的操作重新裁剪(按 Ctrl+Z 键)，直到获得满意的照片。

(2)存储于同一类型文件夹

将整理后较小的贴图图像放置于画布上，存储于同一类型文件夹。

(3)选择适当的图像文件存储格式

使用 Photoshop 手动或批处理工具修改贴图，格式为标准多维材质，模式为 RGB，分辨率为 72，纹理能有效打开。一般的，模型贴图的文件格式均采用 JPEG 或 JPG。对于使用透明贴图通道(AlphaChannel)的模型均采用 PNG 格式。

3. 建筑物纹理数据处理

在本次建模中，建筑物表面的纹理获取多由数码相机拍摄照片来完成。这样获取的纹理真实感强，和实际建筑物的外观能达到完全吻合。但是不可能有一张照片是从完全垂直于建筑物表面的角度拍摄的，所以在后期要经过 Photoshop 等软件进行斜切扭曲等的调整，使得到的图片可以直接被贴在建好模型的表面而不发生变形。

同时，要对一栋建筑物所需的每一张图片做一个综合的调整，以确保所有图片的亮度、对比度、颜色偏差等项都保持一致或相互接近，这样才能是一个完整的结构，以免出现楼的一个侧面很亮而和它相邻的面却很暗这样类似的情况。

（1）处理方法

①清除照片中的障碍物：若建筑物前有树木、行人、车辆等的影响，则需要将障碍物处理掉，如果处理过程比较麻烦，可以选择重新拍摄一张；

②旋转照片：因为拍摄角度有的照片有点倾斜，这时需要将照片旋转一个角度。

③裁剪照片：拍摄门窗等细部的照片需要将多余的部分裁减掉。

④补光、调整对比度：由于天气原因，有些照片上的光线不好，为了使图片达到更好的效果我们可以对处理好的图片进行色彩和亮度方面的调整。

（2）建筑物纹理数据处理

下面以 8 号实训馆北侧墙为例，详细介绍建筑物纹理处理。

①用 Photoshop 软件打开一张图片（此处以 8 号馆侧面为例），大小放置合适，如图4-9所示。

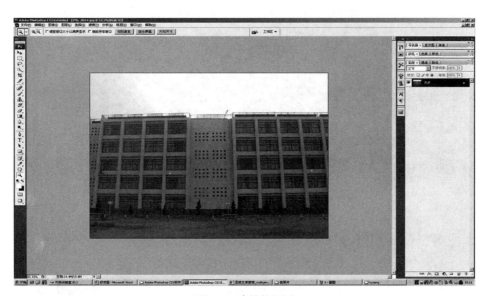

图 4-9   建筑物原图

②对于这种有一定仰角的图片，可以在原有图层基础上再建立一个图层，由于图层有从上到下的覆盖性，所以可以在上面的新建图层中画上水平和竖直的参考线。在【视图】工具中调出"新建参考线"命令，画出几条水平和垂直的参考线，如图 4-10 所示。

③在下面的原有图层中根据所画的参考线，选【编辑】→【变换】→【变形】把建筑图片的上部或下部向两边拉伸，直到上下宽度相同，如图 4-11、图 4-12 所示。

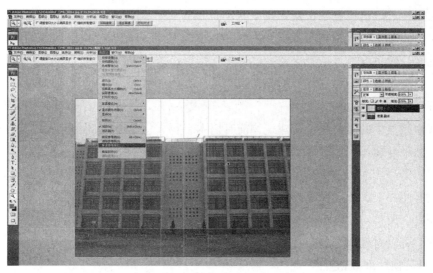

图 4-10　新建参考线

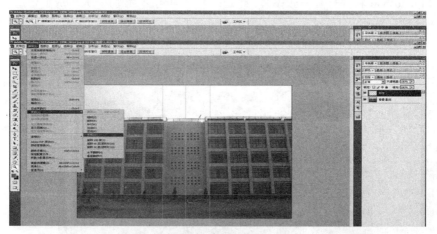

图 4-11　变换图形

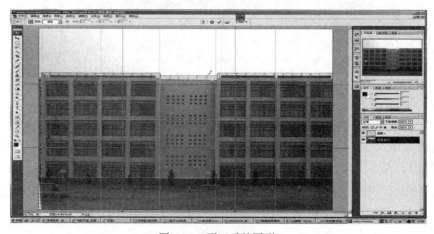

图 4-12　更正后的图形

④用裁减功能去掉图片中被调整以外的部分，如楼旁的草地等。然后再删掉新建的参考线图层，便看不到边缘多余的线条了，如此便能得到基本合格，可以贴在模型上的建筑图片，如图 4-13 所示。

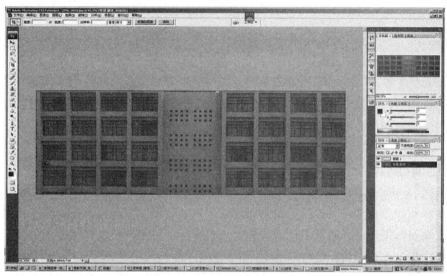

图 4-13　处理结果

⑤因为由于拍摄时的光线问题，在同一张图片上楼面的颜色有明显的不同，所以还要对亮度和对比度进行调整，得到最后可以用于贴到灰块儿模型表面的贴图，如图 4-14 所示。

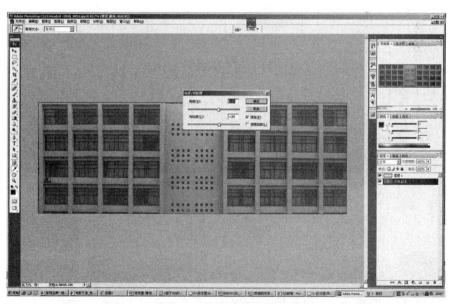

图 4-14　调整亮度/对比度

⑥此时图片已经处理完毕，把处理好的纹理输出保存。

⑦如果遇到一个楼的跨距很大，则一般需要几次才能拍到完整部分，这时利用图像拼接技术对得到的多幅照片进行处理，可得到比较满意的贴图。

用这样的方法把拍得的纹理照片逐一进行处理和保存。

任务 4-3　校园三维模型建立

模型是整个校园三维 GIS 建模的基础，模型的好坏直接影响场景的逼真度，在校园三维模型的构建中，主要采用 3ds Max 软件，充分利用了 3ds Max 提供的多种建模方法，完成三维模型建模和局部细节结构的精细改造，满足校园三维 GIS 建模的要求。

一、三维模型制作分类

黄河水利职业技术学院校区的校园景观主要有教学楼、实验楼、实训场、道路及附属设施、水系及附属设施、植被、体育设施等。在实际的三维建模生产中，为方便生产的具体操作，根据其各自的特点，在建模过程中区域内的模型分为地形模型和地物模型两大类。其中地物模型又分为建筑模型、交通模型、环境模型三类，如图 4-15 所示。模型的分层和编码可在建模生产完成后，再根据数据标准进行操作。

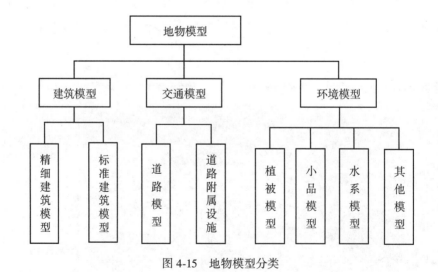

图 4-15　地物模型分类

二、地形建模

三维地形模型的建立一般有两种方法：一种方法是通过 3ds Max 等交互建模平台，依据实地地形地貌的三维空间矢量数据，进行精细的地形模型生产。另一种是在 GIS 可视化平台中采用 DEM 叠加 DOM 的方式建立，可以通过提高 DEM 和 DOM 的精度提高地形三维模型的精度。

(一)3ds Max 平台进行精细地形模型生产

1. 地形建模数据的预处理

采用 3ds Max 平台交互建立高精度地形模型，需要能确定地形起伏的高程数据及确定地物形状和位置的平面数据。一般三维地形模型生产的源数据多为测量的 DEM 格式数据、地形图点、线等成果数据。使用数据建模前必须进行必要的数据预处理，方能导入 3ds Max 平台。

(1)DEM 格式的转换和导入

DEM 数据通常是 GIS 平台下的文本、矢量或栅格格式，处理方法是把 DEM 转换成 TIN，再通过 TIN 转换为 ∗.3ds 或 ∗.obj 格式，导入 3ds Max 平台。在转换的过程中要注意转换前后精度的一致性。

(2)常规高程数据转换和导入

常规高程数据是指地形图中的高程点和等高线，需要先把高程点和等高线处理成 TIN，然后采用前面的方法，把 TIN 转换成 .3ds 或 .obj 格式，再导入 3ds Max 平台中编辑处理。

处理后的数据导入到 3ds Max 平台中，效果如图 4-16 所示。

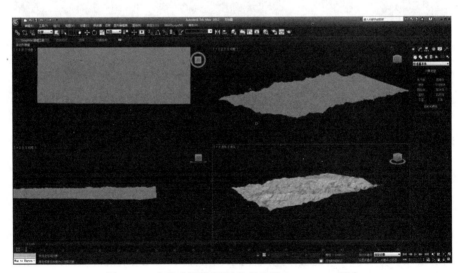

图 4-16　地形建模数据预处理后导入 3ds Max 平台

2. 地表地物与地形起伏的映射

地形的起伏通过 DEM 在 3ds Max 平台中还原出来后，还需要把地表上的各种自然和人工设施映射到起伏的地形模型表面上，才能还原出真实世界中地形、地物、地貌的形态和位置。通常采用映射的方式：把地形图矢量数据导入 3ds Max 建模平台，并映射到 DEM

构建的三维地形模型上，生产有准确空间高度和平面位置的三维地表模型。

3. 细节结构的建立

完成映射后的三维地表模型，只有地表上物体位置和形状的投影线，没有细节结构，因此还需要建立细部结构。细部结构建立的主要工作是处理地表上物体与地表相贴合的形状和起伏，如建筑底面整平、道路侧石挤起、水系堤岸下压等，使地形表面模型整合集成后能与其他地物模型无缝接合。

4. 纹理制作和模型贴图

一般的地表模型纹理可分为两种：一种是通过正射影像图作纹理贴图，另一种是采用照片修饰纹理或采用通用示意纹理进行贴图。

（1）正射影像图纹理

三维城市大范围的三维场景一般都以正射影像图作为地表纹理，其特点是整个场景色调比较统一，地物信息丰富，远观真实感强，但需要近距离观看时，应采用 0.2m 甚至更高分辨率的正射影像，以保证有足够的清晰度和纹理细节，将数字正射影像图与生成地表模型的 DEM 套合裁切，使 DEM 与 DOM 范围一致，如图 4-17 所示。

图 4-17　用正射影像图为纹理制作地形模型

（2）模拟纹理

模拟纹理由照片修饰纹理和通用示意纹理组成，通常根据不同项目或区域的精细度和仿真度要求使用，如在城市中心区的精细场景，就需要到实地采集真实的地形照片，如道路面的材质、花圃绿化的形态及色调等。模拟纹理的特点是纹理的清晰度可以按不同要求制作，物体的细节结构可根据需要进行夸张和简化，纹理的色调、明度、饱和度等感观因素可以人为调整，使场景内容更丰富、精细程度更高、重点更突出、细节更美观等。

（二）GIS 可视化平台进行地形模型生产

地物都是建立在地形基础之上的，要实现三维景观真实的虚拟，对于起伏大的地区，地形模型三维构建很重要。黄河水利职业技术学院处于开封市，校区地势平坦，可以在 ArcGIS 中直接利用高程点数据生成 TIN 的方法来建立地形模型。建模的主要操作步骤是：

①打开 ArcScene，加载【数据】→【高程点数据】，点击菜单工具条上的【3D Analyst】；

②在【3D Analyst】下拉菜单中选择【Create/Modify TIN】→【Create TIN From Features】；

③在【Create TIN From Features】对话框中，Layers 选择高程点层，Height Source 选择高程点中属性设置的高程值，然后点击【OK】；

④TIN 模型就出现在 ArcScene 界面上；

⑤对模型进行进一步的编辑和调整，直到满足校区地形模型的需要。

三、地物模型生产

(一)建筑模型制作

建筑物是校园景观的主体和基本组成部分。黄河水利职业技术学院校区的校园景观主要有建筑物，包括教学楼、实训馆、体育场馆、宿舍、食堂以及其他设施。根据校区内建筑物的特点，将建筑物模型分为精细建筑模型和标准建筑模型。需要精细建模的建筑指的是比较有标志性且特殊的建筑，如教学楼、实训馆、校门等，采用详细建模，表现出建筑物的特殊细节，标准建筑建模则可以比较省略，构建出大体轮廓，之后进行贴图即可。精细建筑模型制作是校园三维 GIS 建设的主要工作，也是工作量最大的一部分内容，一般分白模型制作、材质贴图、模型检查和格式转换等工序。

1. 白模型制作

黄河水利职业技术学院建筑整体十分规则，虽然各部分高程不一，部分墙体突出于建筑物整体，但经过仔细分析，合理分解仍可以把楼体分解为规整的几个部分。显然，对黄河水利职业技术学院建筑的建模宜采用多边形建模方式，即在底图的基础上根据高程的数据和实际情况进行建模，在建模的过程中使用插入、挤出、布尔运算等命令。在创建模型的过程中应充分理解各种命令的功能，灵活地使用各种命令。

(1)设置建模环境，导入矢量控制文件

①启动 3ds Max 软件，设置软件的建模环境，单位设置为 m。

②将 CAD 中将处理好的平面数据和立面数据等导入 3ds Max 中。选择要导出的 DWG 文件后，将显示【AutoCAD DWG/DXF 导入选项】对话框，如图 4-18 所示。

(2)主体建模

①二维控制数据导入后，以底图为基础创建长方体墙体，墙体的长、宽、高等几何信息须依据前期所采集的数据。创建基本的图形，在创建完成长方体后将其转化为可编辑多边形。

②在划分完楼层后再根据实际情况对各层的窗户进行划分。如果每一层的窗户是等距的便可以进行等分，否则就要调整连接参数：收缩、滑块。再次进行边连接后便形成了楼体外部轮廓。根据实际情况若该位置为门窗，则将该面删除以便将制作好的门窗添加上

图 4-18　3ds Max 导入对话框

去。每个面的位置可以使用挤出、插入命令进行调整，各个参数的调整应根据实际情况进行设置。最终效果如图 4-19、图 4-20 所示。

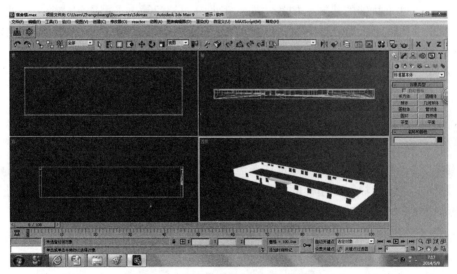

图 4-19　对创建基本图形进行面删除

（3）细部建立

参照外业照片在主体模型的基础上，添加制作阳台、柱子、护栏、台阶等细部结构及附属物，各种墙体附加物也应在单独制作后添加上去。下面主要介绍窗户、门等细节特征建模。

①根据门窗的实际大小创建平面，然后将平面转化为可编辑多边形，通过使用边连接、挤出、删除、贴图等操作制作出门窗。将制作完成的门窗添加到相应位置。由于大部分的窗户是相同的，应使用复制操作以提高建模效率。

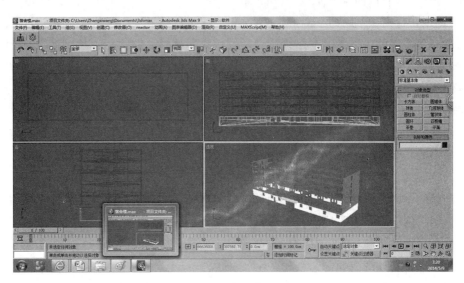

图 4-20　楼层分层图

②将屋顶、围墙等细节特征进行进一步建模。精细建筑模型建模基本完成。宿舍楼模型如图 4-21 所示。

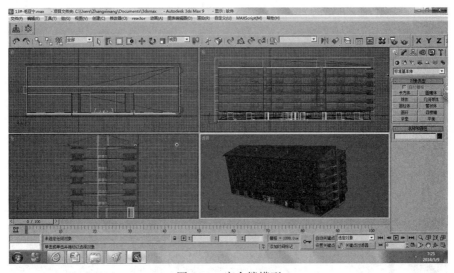

图 4-21　宿舍楼模型

2. 材质贴图

通过三维建模软件生成三维模型后，为了使生成的物体图像具有真实感，需要采用消隐处理、光照模拟和明暗处理等技术对模型做进一步的处理，但是这样还仅仅只能生成颜色单一的光滑景物表面，很难实现真实感图形的效果。建立模型之后的工作就是给模型赋予材质和贴图。通过贴图可以增加模型的质感，完善模型的造型，使创建的三维场景更接近现实。3ds Max 中最简单的是位图（bitmap）。在校园三维 GIS 建模中，位图是较为常用的一种二维贴图。在三维场景制作中大部分模型的表面贴图都需要与现实中的实体相吻合，而这一点通过其他程序贴图是很难实现的，我们选择以数码相机拍摄手段获取的位图来作为校园立体图对象的贴图。

具体制作过程如下：①从实地拍摄的数码相片中选取合适角度的照片，并在 Photoshop 中进行拉伸扭曲得到所需贴图单元，保存为 JPG 格式；②在 3ds Max 中，调用经过处理的图片进行贴图；③初步贴上的图在建筑物上是很不规则的，所以我们需要运用修改工具中的 UVW 贴图坐标；④贴上实地采集的相片使得所得图像与实际建筑物很接近。

对于材质中的二维贴图，物体必须具有贴图坐标。这个坐标就是确定二维的贴图以何种方式映射在物体上。它不同于场景中的 XYZ 坐标系，而是使用的 UV 或 UVW 坐标系。每个物体自身属性中都"Generate Mapping Coordinate"（生成贴图坐标）。此选项可使物体在渲染效果中看到贴图。

利用处理好的纹理，对前面制作好的模型进行材质贴图。最终，建立精细建筑模型的效果如图 4-22、图 4-23、图 4-24、图 4-25 所示。

3. 模型检查

建筑物模型的检查分为模型检查和纹理检查两方面。主要检查内容有：

（1）模型检查

①模型名是否正确；

②模型是否有多余的点、线、面；

③模型与源数据矢量线是否相套合，误差是否在允许范围之内；

④模型与外业照片的匹配度是否达到要求，结构表现是否按要求制作；

⑤模型是否按要求存放，是否漏贴纹理，是否丢失贴图。

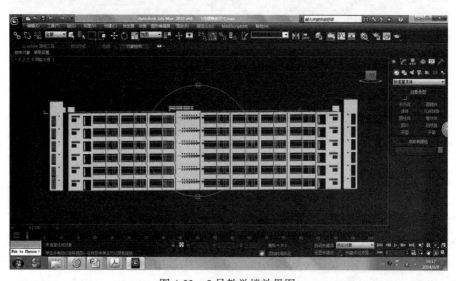

图 4-22 5 号教学楼效果图

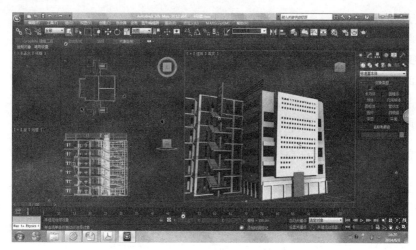

图 4-23　4 号教学楼效果图

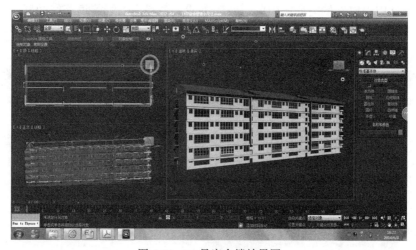

图 4-24　13 号宿舍楼效果图

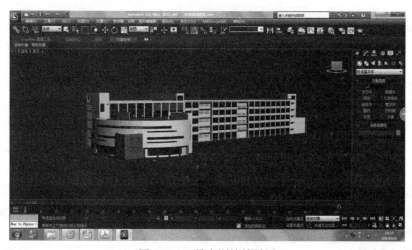

图 4-25　8 号实训馆效果图

（2）纹理检查

①纹理的分辨率、尺寸、命名是否符合要求；

②相邻的纹理是否相互对齐；

③纹理的清晰度是否满足要求，色调、饱和度和明度是否一致；

④纹理中是否存在不属于建模对象本身的人、车等遮挡物；

⑤纹理的比例是否与实际相符。

（二）交通模型制作

1. 模型建立

交通模型采用 1：1000 校园地形图中的道路轮廓线进行三维模型的建立。一些要求不高，且地形图中没有表示的小路、路牌等地物，可参照高分辨率影像和外业照片制作，结合照片中目标物与其他固定地物的相互空间位置关系示意摆放。

制作方法为：

①在 CAD 中提取矢量地形图中的道路轮廓线、道路中心线等道路空间三维矢量信息，如图 4-26 所示。

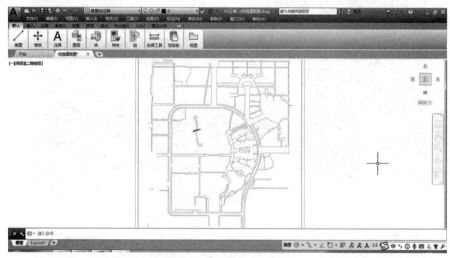

图 4-26　校园道路轮廓线图

②设置 3ds Max 的软件环境，将单位设置为 m。

③将提取完成并通过检查的道路轮廓线导入 3ds Max 中，用二维线把路面轮廓线描绘出来，在此过程中尽量减少描绘道路形态所使用的节点，一般遵循圆形采用八边形表现的原则对路面中的圆、弧形进行简化处理，特殊情况可适当放宽要求，小于 1 m 的结构可视情况（标准、要求等）忽略。

④交通模型依地形的起伏制作时，需按道路的实际高程进行调整。交通模型的基底高程应与所接合处地形模型的高程一致，并要进行相应的接合处理，确保交通模型与地形模型的起伏相贴合。

⑤生成的道路轮廓线一般以一条或一段道路为一个对象，相邻道路应做无缝接边

处理。

⑥将路面轮廓线"挤压"(extrude)为统一的厚度,生成道路模型。

⑦完成路面模型后,按矢量信息把人行道的轮廓线描绘出来,制作人行道的模型,制作方法与路面模型相同。

⑧制作护栏等道路附属设施模型。

2. 纹理制作

(1)道路面的纹理制作

道路面的纹理一般根据影像或外业照片采集的道路标线和材质信息,预先在模型生产过程中制作项目区域相应的路面材质库,在道路模型制作时根据实际情况选用,图 4-27 是校园道路路面材质图。

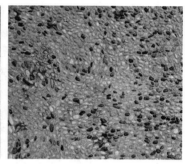

图 4-27 路面材质示意图

(2)道路上标志线纹理制作

道路中心线、车道分界线、斑马线、车道方向指示标志等按照实际位置和形状制作,要求尺寸、间距基本准确,比例协调,且其弧线结构表示圆滑。

(3)道路附属设施及人行道纹理制作

重要的道路附属设施,如指示牌、公交站、路名牌等需按实际照片制作纹理贴图。人行道纹理根据外业采集照片制作材质库,在模型贴图时根据实际情况选用。

3. 模型贴图

交通模型纹理通常先根据道路的不同路宽划分不同材质类型,然后以实际道路中相同类型、相同纹理、相同宽度的道路段为单位进行分段贴图。

交通模型的贴图作业必须参照正射影像图和外业照片进行,路面的道路导向标心、车道数、斑马线位置等应与实际一致,并根据接边需要进行 UVW 坐标调整,保证纹理的合理、统一、协调。

交通模型的纹理在贴图过程中应该与外业照片及高分辨率影像图进行核对比较,作为路面材质色调、标线间距、特征位置纹理贴图的生产依据,确保贴图后模型效果与实际基本一致。

4. 模型检查

交通模型检查的主要内容有:

①交通模型的轮廓是否与平面和高程控制数据匹配,平面和高程误差是否在规定允许的范围内。

②交通模型中是否有丢漏的结构、漏贴的纹理。

③交通模型中的车道数、路面转向、人行横道等标志、标线与现状是否一致。

④交通模型的分块是否合理。

(三) 植被模型制作

1. 模型建立

植被模型主要包括行道树、景观树、古树名木、花圃、绿地、林地等，模型制作内容包括：

①花坛、车道绿化带、水泥台、树池等按照实际尺寸及位置建模，精度标准参照设计书或与建筑物的建模精度要求相同。

②绿化树一般采用透明贴图组成"十"字交叉面片树表现，行道树可采用"米"字模型树表现。树干需重合在同一基准点上，密度适中，姿态、树冠大小、树冠颜色、树冠方向应有不规则的变化，构成树木模型整体高低错落、形态美观的效果。行道树等集中、规整的树木不能同宽、同高、同姿态。

③重点区域或要求较高的树木可采用多面片表现，构成形态变化的异型树，可提高树木的可视化仿真效果。

④古树名木等重点树木须按照实际尺寸、树种、位置制作成模型成果，树干、树枝、树叶均可通过结构表现。如古树名木挂有树铭牌，需把保护铭牌制作结构表现清楚。

⑤有特征树种或特殊色调的花坛，一般选取其中最有代表性及视觉感观最突出的树木、花苗种类，采用透明贴图构建"十"字交叉双面片树表现。成片统一的花坛则可直接构建主体形状处理纹理贴图生产，应保证所用的纹理与实际基本一致。

⑥草地等大面积的绿地应参考影像、地形图和外业照片，按实际范围、形状、种类建立模型，应保证总体的效果和接边的合理，以及色调的合理渐变和过程自然。

⑦灌木带绿地模型的顶面与立面纹理须有区分，根据实际情况结合光影和色调分别贴赋不同的灌木顶面和立面纹理。

⑧在树木模型生产中，透明贴图的使用频率很高，应在模型制作时注意软件中是否勾选双面显示选项。

小贴士 3ds Max 制作植被采用贴图或者贴图与建模相结合的方法来完成，还可以通过【树木植被插件】来实现制作真实的树木效果。

2. 纹理制作

①植被的纹理须依据外业照片制作，一般生产成 *.png 或 *.tga 格式带透明通道的贴图。

②同一类型树木一般只需制作 4~6 种不同形态或纹理色调的模型，建立模型库，实际使用时在库中随机选取。

③用于草地等需平铺的纹理必须制作成无缝贴图。

3. 模型贴图

植被模型贴图要注意以下几个要点：

①树木、花草需要独立表现的模型，应使用透明纹理，并勾选"双面显示"构建模型。

②大面积的草地、绿化等模型纹理，应采用有明暗过渡效果且能无缝接边的贴图，使场景模型生产后效果自然、合理、美观。

(四)水系模型制作

1. 模型建立

①在校园地形图中提取出河流、池塘等水系的轮廓线，如图 4-28 所示。

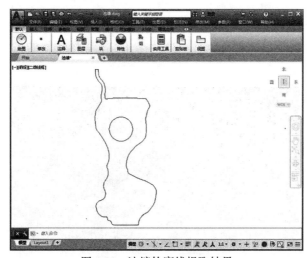

图 4-28　池塘轮廓线提取结果

②将提取的水系轮廓矢量数据导入 3ds Max 平台，按水系矢量轮廓"挤压"(extrude)一定的厚度，在一些模型急转弯处适当增加结构，使模型过渡圆滑。一般情况下的圆形结构使用 8 个面片构建，一些重点区域模型或大直径结构可根据要求适当增加，确保模型边缘合理、圆滑、自然。校园池塘模型如图 4-29 所示。

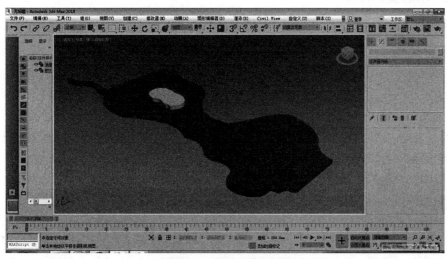

图 4-29　池塘制作效果

③如果河流模型长度较长，应把模型按合适的区域划分存储。

2. 纹理制作

水系模型的纹理可按模型类型、水体的区域、水体的深度等信息制作，可在一个项目或测区内建立材质库，如按海洋、河流、湖泊、水池等类型不同，结合水系所在的区域，分别制作相应纹理，整合成水面纹理材质库。

水系纹理制作还应依据实地采集照片的内容，对纹理的透明度和底质进行调整，有需要时可制作双层纹理，上层表示水面，下层表示质底。

3. 模型贴图

喷泉可采用"十"字交叉面片双面贴图建模，也可根据三维可视化平台的要求制作成 GIF 动态纹理或采用粒子系统表现。图 4-30 为采用粒子系统制作的喷泉模型。

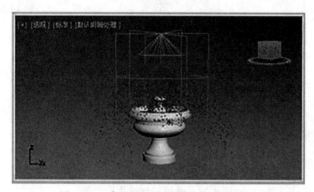

图 4-30　采用粒子系统制作的喷泉模型

为了突出水面的感观效果，一些区域的水系模型可采用双层结构和纹理来制作，在制作时，按水系模型轮廓"挤压"出两个不同高度的面：上层结构贴水面的透明或半透明纹理（透明度约为 60%），下层结构贴水底的底质，如石子、带水草的泥土等纹理。

(五) 小品模型制作

在校园环境中，路灯、垃圾桶和宣传栏等是构成整个校园的不可缺少的部分。它们可以通过在 3ds Max 中交互建模和在 GIS 平台中建模两种方法进行。

1. 在 3ds Max 中交互建模

①如果小品模型的建模精度要求高，应该按实际的尺寸进行建模。例如，路灯按实际形状、位置、高度表示。如果同一道路上左右两边路灯一般统一，可先根据实地照片生产 1 个路灯，再通过复制把路灯按定位数据摆放到场景中。图 4-31 为人行路两侧路灯模型。

②交通信号灯、路牌、路标、交通指示标志牌等应按实际形状和位置表示。

③围墙、栅栏应根据地形图和外业照片按实际位置、尺寸建模，围墙两头及折角拐弯处一般建实体模型，中间可采用透明纹理贴图表示，保证围墙的连续性和完整性。

④异形小品可制作简单模型，非重点的人物、动物等复杂雕像一般采用透明贴图挤出一定的厚度表示，但基座应采用实体建模表现；对精细度要求不高，且要控制模型数据量的其他的雕像，可采用"十"字交叉面片表现或建立与现实物体形态大概相似的简化形状，

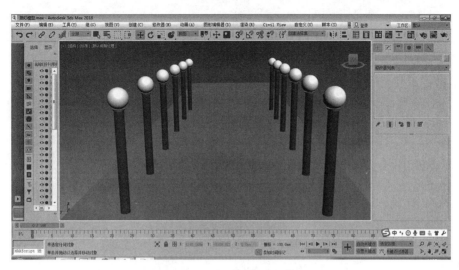

图 4-31　人行路两侧路灯模型

贴上实地采集的修饰纹理表示。

⑤小品模型的高度精度一般优于模型实际高度的 5%，存在方向的模型要注意摆放的方位，应保证与实地方位基本一致，小品底面的高程要与地形模型正确接合，不能有抬起或不合比例的下陷。

⑥小品模型应尽可能地控制构成模型的点、线、面数量，圆柱一般采用 6 至 8 边表示，并根据类型和特征建立模型库，如重复使用率较高的路灯、垃圾桶、座椅等。

2. 在 GIS 平台中建模

对精度要求不高的小品模型可以在 GIS 平台中建模。对于被抽象成点状要素类的校园景观的建模，可以在 ArcMap 中建立点状图层，再以三维符号的形式将模型导入点图层样式，或者直接调用 ArcGIS 中的三维符号。这样既极大地减小了数据量，降低了场景的复杂度，又增加了地图的表现力。

四、模型转换输出

三维模型成果生产完成后，还需要在场景中进行全面三维可视化检查。之后就可以进行模型的转换输出。转换输出是校园三维模型可视化应用的一个重要环节，通过格式转换，三维模型能在各类三维 GIS 平台中可视化展示和应用。校园三维模型采用 3ds Max 自带的转换工具转换，具体方法如下：

①在 3ds Max 中打开模型文件，检查优化模型成果，确保无拓扑和冗余问题；

②选择【文件】→【导出】→【导出】，弹出【选择要导出文件】对话框；

③在该对话框中，选择要导出的文件的类型，设置导出的文件名称，如图 4-32 所示。为了能够在 ArcGIS 软件中使用校园三维模型，需要将模型导出为 3ds 格式。模型输出时，必须携带与模型匹配的材质，而且必须将贴图和模型放置在同一目录下，否则在 ArcGIS 中将无法显示材质贴图效果。

图 4-32　设置导出文件名称

④3ds Max 中确认导出完成，会弹出完成提示窗口。单击【确定】，模型导出完成。
⑤采用辅助可视化工具或人工可视化的方法对转换后的模型进行检查。

任务 4-4　校园三维 GIS 建立及功能实现

一、系统设计

（一）系统开发控件选取

本系统是基于 ArcGIS Engine，以 Visual Studio 2010 为开发平台，以 C#为编程语言设计的三维数字校园系统。在 AE（ArcGIS Engine）中选取的主要控件有以下几种：

①地图控件：MapControl 控件封装了 Map 对象，并且提供了其他属性方法和事件，用于管理控件的外观显示属性和地图属性等。如本系统通过 TrackRectangle（ ）方法实现了矢量图形的选取。

②图层控件：图层控件（TocControl）顾名思义它就是用来管理图层的可见性。又因为它要管理图层，因此就得有管理的对象。也就是说，它需要一个伙伴控件，常见的伙伴控件有 MapControl、SceneControl、PagelayerControl 等。这些常用的伙伴控件可通过 SetBuddyControl 方法将它们绑定给 TocControl 控件。

③工具栏控件：工具栏控件（ToolbarControl）和图层控件一样也需要一个伙伴控件。它包括了 6 个对象及相关接口。

④3D 控件：3D 模块是 AE 提供的一个可选模块，主要包括 SceneControl、GlobeControl 这两个嵌入开发组件。本系统用到的场景控件是 SceneControl，它是一个高性能嵌入式开发组件，通过 ISceneViewer 来表现。

（二）系统功能设计

校园三维 GIS 是要实现信息数字化、管理自动化、服务智能化、校园虚拟化、资源最大化。系统应能对校园信息进行添加、删除、修改；对校园信息可以进行查询、分析和统计，并报表输出；能实现图文互访，即从三维地图到属性的查询、浏览和从属性到三维地图的查询定位，增加校园的可视化。系统最大的特点是，具有强大的 GIS 功能，即能利用该系统快速、准确地掌握学校资源及其分布，提高工作效率，为学校规划决策提供信息。同时，也为学校教师、学生以及其他人员了解学校布局、资源信息等提供便利。因此，本系统主要有 5 大功能模块，具体如图 4-33 所示。

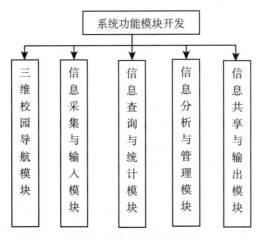

图 4-33　系统功能模块设计

（三）数据库设计和建立

ESRI 公司推出的 ArcGIS 中 Geodatabase 是一种采用标准关系数据库技术来表现地理信息的数据模型。Geodatabase 支持在标准的数据库管理系统（DBMS）表中存储和管理地理信息。它支持多种 DBMS 结构和多用户访问，且大小可伸缩。而且基于 Microsoft Jet Engine 的小型单用户数据库、工作组、部门和企业级的多用户数据库，Geodatabase 都支持。

Geodatabase 的设计主要是针对标准关系数据库的扩展，扩展了点、线和面，为空间信息定义了统一的模型，在该模型的基础上，用户可以定义和操作不同应用的具体模型。同时，它是一种面向对象的数据模型，空间的实体可以表示为具有性质、行为和关系的对象。Geodatabase 描述地理对象主要通过四种形式：

①用矢量数据描述不连续的对象；

②用栅格数据描述连续对象；

③用 TINs 描述地理表面；

④用 Locatro 或 Address 描述位址。

Geodatabase 还支持表达不同特征类型的对象，包括简单的物体、网络要素、地理要

223

素、拓扑关系、注记和其他特征类型。同时，还能够定义对象间的关系和规则。

常用的 GIS 文本数据类型，如 coverages、shapefile、栅格数据、遥感数据、不规则三角网（TINs）等，还包括利用各种格式的 XML 和 Web 报表都能够与 Geodatabase 进行相互变换。Geodatabase 处理的地理信息数据和在 RDBMS 中的数据格式是一样的，如 DB2，Informix，Oracle，结构化查询语言（SQL Server）或者是 Microsoft Access 等。

Geodatabase 的基本结构体系主要包括要素数据集、栅格数据集、TIN 数据集、独立的要素类、独立的关系类和属性域。其中，要素数据集又是由对象类、要素类、关系类、几何网络组成的。

要素数据集（Feature Datasets）是共同使用一个空间参照要素集的结合。能单独存在的简单的要素类（Feature Class）叫做独立要素类。保存拓扑要素（Feature）的要素类一定在要素数据集的内部，以保证属于相同的空间参照。

数据库的建设是一项重要、基础性的工作，本体系中主要的数据类型有校园建筑物图层和房屋层图。其中，建筑物图层主要包括了校园建筑物的外形和结构，以及各个房屋的位置、特点等，以具体、直接的方法展现了各个建筑物的风格和分布情况。各个建筑物则是由若干个房屋层图所构成的，表达了建筑物的单个房子的位置分布情况。

建筑物以要素类的方式保存在 Geodatabase 中，要素的模式为 Multipatch。房屋层则是由存储在 Geodatabase 中相关的 Point、Polyline 以及 Polygon 等形式的要素类来结合体现的。建筑物图层与房屋层图之间是互相联系的，即在管理建筑物属性时需要经由房屋层来查找相应的楼层及房屋的数据；相应地，在操纵楼层时也应可以关联楼栋的有关数据。为达到这种效果，需要利用索引编码来新建各建筑物与房屋层图之间的联系。通过对属性表中的有关字段，如建筑名称、房屋层数等以固定的方法进行编程来产生索引要素。在数据库的建立过程中，将单个建筑物作为一个要素数据集，以此来保存该建筑物的所有楼层及房屋数据。其中，楼高是以每层 3 米的估值乘以楼层数得来的，房间数是以每层的房间数乘以楼层数估算。以实训馆为例，该建筑物的楼层数、房间数数据均被保存在命名为"实训馆"的要素数据集中，如一楼的 Polyline 图层名称为 L，一楼的 Polygon 图层名称为 P 等。这样，在处理建筑物图层时，通过建筑物的名字得到与该建筑物相对应的房屋层图存储的要素数据集，然后依照建筑物自主选中相应的房屋层和房屋。同时，在查找、统计的结论中选取某个房屋，通过房间对应的建筑物名称得到存放房屋层数据的要素数据集，最后再根据房屋层字段来表达相应的图层及建筑物。

二、三维模型可视化集成

Multipatch 是在平面图像上添加某些特定的高度数据所获得的三维立体面。TriangleFan、TriangleStrip 和 Ring 是构成 Multipatch 的三个面。Multipatch 能够以三维符号的形式加入到 SceneControl 中，也可以增添到符号库中以作后备使用，为以后的利用提供方便。

（一）ArcEngine 创建 Multipatch

ArcEngine 中构建 Multipatch 面有两种方法：一种是拉伸法，即将某个二维图形通过 Extrude 命令拉伸成为 Multipatch 面。拉伸是指将与平面图形相关的三维要素添加到二维图形上，可以是沿着一条线段或者是沿着一个三维向量达到拉伸的效果。Polygon、Polyline 和 Envelope 等形式都可以利用此方法建立 Multipatch 面。这种方式构建的 Multipatch 一般都是形状相对规范的柱状体；另外一种方式是根据特定的法则写入各个节点的坐标创建 Multipatch，此种方法在建立 Multipatch 的同时还能够实现贴图的效果。

(二)3ds 格式转换为 Multipatch 格式

ArcGIS 提供将其他规格的三维模型当做三维标识符号(3D Maker Symbol)显现在地图数据上的功能，其他格式的数据有 3ds Max 建立的 3ds(*.ds)格式，由 Multigen Creator 构建的 OpenFlight(*.nt)格式以及 VRML(*.w1)的格式等。但是 ArcScene 只能支持将已存在的三维模型作为三维标识符号的数据进行，来实现图形显示的功能，而无法实现对其进行 GIS 的分析等功能。所以，想要对三维模型完成 GIS 操作，一定要将三维模型转换为 Multipatch 格式。

将三维模型转换为 Multipatch 的一种方法就是由 ArcEngine 的编程来完成，另外一种方法便是直接将别的一些通过其他建模软件来构建的三维模型转换为 Multipatch 格式的模型。后面的方法虽然也十分简单，但是这种方法获得的 Multipatch 模型所包含的数据属性相对也十分简单，仅仅存在 Geometry、ObjectIden、FileName 共三个字段，在一定程度上阻碍了进一步的操作功能，如三维查询功能还有一些更为繁杂功能的研发。ArcEngine 是能直接支持 *.3ds，*.nt，*.vrl 这三种格式的，使用上面的方法能够直接将这三个模型格式导入到 Geodatabase 中。本研究首先将模型文件转换为 *.3ds 格式，然后 ArcGIS 软件直接导入转换为 Multipatch 模型，现利用数据的导入方法将 Multipatch 格式的要素类型表示的三维模型导入到 Geodatabase 数据库中。具体步骤如下：

①导入 *.3ds，或者 *.SKP(必须是 6.0 版本的)文件，如图 4-34 所示。

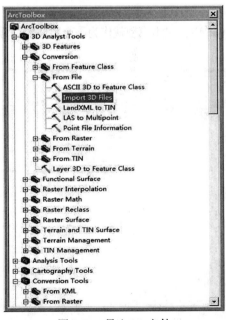

图 4-34 导入 3D 文件

②打开导入界面，如图 4-35 所示。

③浏览到 ＊.3ds 文件，并输入 Multipatch 类名，一定要浏览到 Geodatabase 位置，也就是说将三维数据导入到数据库中，如图 4-36 所示。

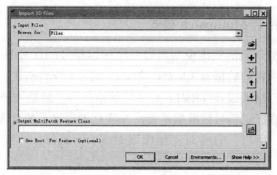

图 4-35　导入 3D 文件对话框

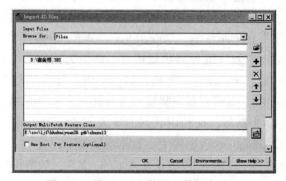

图 4-36　设置 3D 文件导入数据库路径

④导入成功后，在 ArcGIS 中，三维模型就作为一个整体的符号显示，如图 4-37 所示。

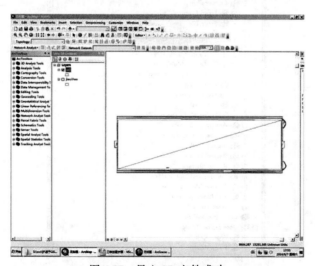

图 4-37　导入 3D 文件成功

⑤利用同样的方法，将建好的模型全部导入 ArcGIS，并根据实测地形图中的位置进行调整，最后的效果如图 4-38 所示。

图 4-38　导入全部模型后的效果图

导入模型时，考虑到数据量大对操作速度的影响，所以我们在导入模型前对 3D 模型进行了一系列的处理，力求模型数据尽可能小，又不影响模型的真实感，同时又能优化校园三维 GIS 的运行速度。导入模型过程中，根据需要调整模型大小、方向等参数，使模型与实际建筑物大小、向背一致。

三、系统功能实现

(一) 三维场景导航浏览功能

为了用户在漫游虚拟校园系统的同时对学校建筑地理位置、发展历史、所处地位等情况有所了解，进而使该系统成为外界认识黄河水利职业技术学院的一个窗口，本项目开发了三维校园导航功能模块，如图 4-39 所示。通过对三维地图的放大、缩小、漫游、导航、飞行等操作实现对三维场景的浏览。

1. 三维可视化功能

对校园的各种三维地物进行初始化，为后续三维查询和导航做准备。这一步主要是调用空间数据库中的 Multipatch 对象到三维控件中，也就是实现三维地物的装载。涉及的核心代码如下：

```
//遍历特征类
List<string> zccdatasetname = new List<string>();
bool searchjieguo = true;
```

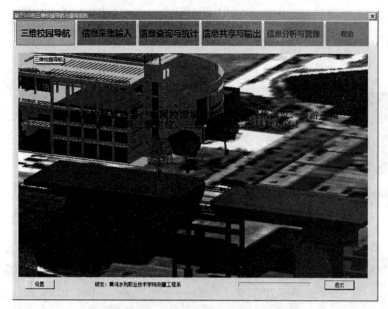

图 4-39　三维校园导航功能模块

```
searchjieguo = SearchFclassfromFDataset2 ( ZccWS," teach ", out
zccdatasetname);
//创建特征类,并加载图层
IFeatureLayer zccfeaturelayer = null; IFeatureClass zccfclass =
null;
this.progressBar1.Maximum = zccdatasetname.Count; int i = 0;
foreach(string rname in zccdatasetname)
{
    zccfeaturelayer =new FeatureLayerClass();
    zccfclass = GetFeatureclassfromFGDB(rname);
    zccfeaturelayer.FeatureClass = zccfclass;
    this.axSceneControl1.Scene.AddLayer ( zccfeaturelayer  as
    ILayer, true);
    i++;
    this.progressBar1.Value = i;
}
//加载影像
IRasterLayer zccrlayer = new RasterLayerClass();
IRasterDataset zccrasterdataset = openrasterlayer("yingxiang",
ZccWS);
zccrlayer.CreateFromDataset(zccrasterdataset);
this.axSceneControl1.Scene.AddLayer ( zccrlayer  as  ILayer,
```

```
true);
```

2. 三维地物查询功能

以各种视角查询校园的办公楼、教学楼、校大门等，如图 4-40 是以 45°角查看 8 号实训馆。

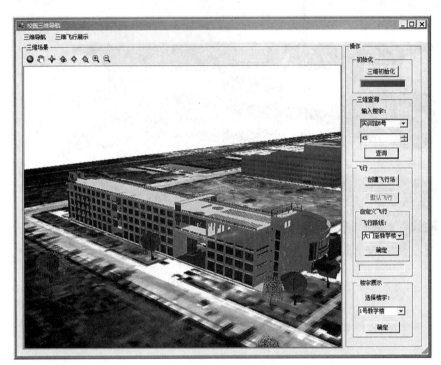

图 4-40　三维查询功能

3. 三维飞行功能

三维飞行功能就是沿着一定的飞行路线展示校园，例如从校园大门口出发飞行至教学楼，如图 4-41 所示。

核心代码如下：

```
public void CreateAnimationFromPath (IScene scene, IPolyline
pPolyline_1, double height, bool TrueOrFalse)
    {
        ESRI.ArcGIS.Analyst3D.IBasicScene2 basicScene2 = (ESRI.
ArcGIS.Analyst3D.IBasicScene2)scene; //Explicit Cast
            ESRI.ArcGIS.Animation.IAnimationExtension
animationExtension = basicScene2.AnimationExtension;
        ESRI.ArcGIS.Animation.IAGAnimationUtils agAnimationUtils =
new ESRI.ArcGIS.Animation.AGAnimationUtilsClass();
            ESRI.ArcGIS.Animation.IAGImportPathOptions
```

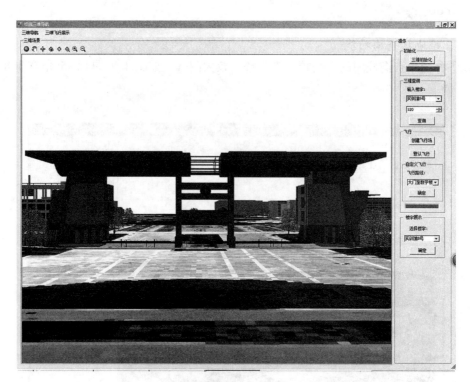

图 4-41 三维飞行功能

```
agImportPathOptions = new ESRI.ArcGIS.Animation.AGImportPathOptions
Class();
        ESRI.ArcGIS.Geometry.IGeometry geometry = pPolyline_1 as
IGeometry;
        agImportPathOptions.BasicMap =(IBasicMap)scene; //Explicit
Cast
        agImportPathOptions.AnimationTracks = animationExtension.
AnimationTracks;
        agImportPathOptions.AnimationType =new ESRI.ArcGIS.
Analyst3D.AnimationTypeCameraClass();
        agImportPathOptions.AnimatedObject = scene.SceneGraph.
ActiveViewer.Camera;
        agImportPathOptions.PathGeometry = geometry;
        agImportPathOptions.ConversionType = ESRI.ArcGIS.Animation.
esriFlyFromPathType.esriFlyFromPathObsAndTarget;
        //agImportPathOptions.LookaheadFactor = 0.5;
        //agImportPathOptions.RollFactor = 100;
        //agImportPathOptions.SimplificationFactor = 1;
        agImportPathOptions.VerticalOffset = height;
```

```
        agImportPathOptions.ReversePath = TrueOrFalse;
         animationExtension.AnimationEnvironment.AnimationDuration
= 150;
        agImportPathOptions.AnimationEnvironment = animation
Extension.AnimationEnvironment;
          ESRI.ArcGIS.Animation.IAGAnimationContainer AGAnimation
Container  =  animationExtension.AnimationTracks.AnimationObject
Container;
        //Call "CreateFlybyFromPath"
        agAnimationUtils.CreateFlybyFromPath(AGAnimationContainer,
agImportPathOptions);

        IAGAnimationPlayer animPlayer = new AGAnimationUtilsClass
();
        animPlayer =(IAGAnimationPlayer)agAnimationUtils;
        animPlayer.PlayAnimation(animationExtension.AnimationTracks,
animationExtension.AnimationEnvironment,null);
     }
```

(二)信息的采集与输入

信息的采集与输入系统采用"模型数据库"和"属性数据库"两个数据库支撑。利用 ArcObjects 开发包,将已经创建好的其他格式的三维模型(* . 3ds, * . fit, * . wrl)转化为 Multipatch 格式,存储在 Geodatabase 的 Multipatch 要素类中。它是系统功能模块设计中的重要一环。属性数据的输入是将与空间数据相匹配的非几何属性录入计算机的过程,相对空间数据的采集较为简单,形式比较单一,但同样非常重要。图 4-42 为数据采集与输入功能模块界面。

(三)信息查询与统计

系统为用户提供在三维可视化场景中实现动态交互查询的功能,信息查询包括图形与属性间的双向查询和一般属性查询。一方面通过属性字段定位建筑物,主要通过建筑物的名称和用途进行筛选,调用 IFeatureClass 的 select 方法选择符合条件的建筑物,将选中的建筑物在 SceneControl 中高亮显示;另一方面,通过点击某个建筑物,调用 IScene-Graph 的 Locate 方法,将鼠标点击位置的屏幕坐标转换为三维空间点坐标,返回点击选择的建筑物对象,将建筑物对象传递给属性显示窗体,这样既可以显示该建筑物的详细信息,包括其名称、图片、楼层数,还可以通过选择楼层显示特定楼层的平面图。

1. 楼层平面图查询功能

数据库中建立各建筑物楼层平面图属性库,并将各平面图与建筑物实现链接,可以进行各方面平面图中房间分布查询,例如,点击地图中的 8 号实训馆,查询该馆内的所有房间分布,如教室分布、办公室分布,如图 4-43 所示。

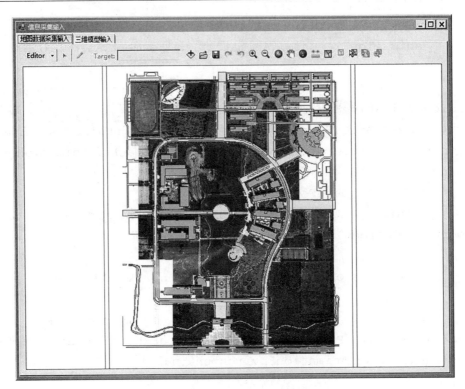

图 4-42 数据采集与输入功能模块界面

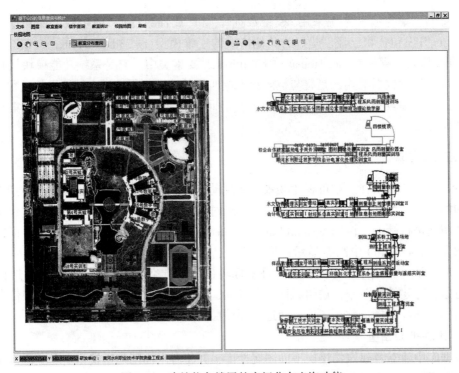

图 4-43 建筑物各楼层的房间分布查询功能

2. 模糊查询和定位功能

实现房间模糊查询和定位功能，主要是输入部分名称，查询到所有相关房间名称，并能迅速确定该房间在建筑中的位置，如图 4-44 所示。

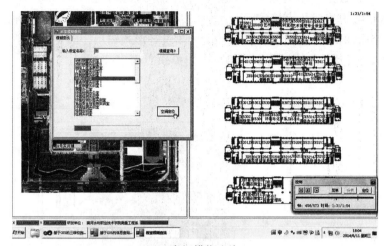

（a）房间模糊查询

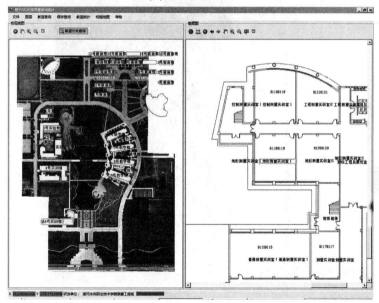

（b）房间定位功能

图 4-44　房间模糊查询和定位功能

（四）信息分析与管理

系统利用三维建模软件的模型创建功能和 GIS 软件的空间分析功能，结合 GIS 软件的开发平台（ArcGIS Engine 和 ArcObjects 开发包），将虚拟现实建模软件中创建模型作为三维数据来源。这样，不仅可以有效地利用 GIS 软件中提供的 GIS 空间分析等功能，还兼顾了模型和场景的真实感，从而建立一个能满足 GIS 空间分析和三维可视化要求的三维 GIS

系统。

(五)信息共享与输出

本系统是通过数据直接访问来实现数据共享的。数据直接访问是指在一个 GIS 软件中，实现对其他数据格式的直接访问。用户可以使用单个 GIS 软件存取多种数据格式。系统能将查询、分析的结果以图形、表格、统计图表等形式输出，满足了教学、科研、管理等需要。图 4-45 为系统的信息共享与输出功能模块界面。

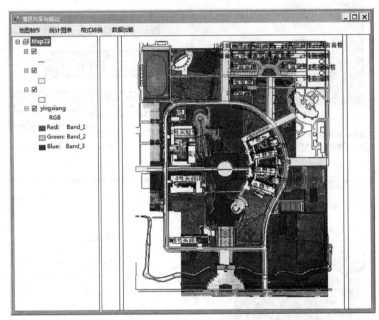

图 4-45　系统信息共享与输出的功能模块

职业能力训练

训练一　纹理数据获取与处理

一、实训目的

①掌握纹理数据获取内容与处理方法；

②能利用数码项目进行纹理数据获取；

③能利用 Ps 软件进行纹理数据处理。

二、实训内容

①启动 Photoshop 软件，打开配套资源中图 4-46 所示的建筑图片；

②对该图片进行校正，使其变为正视状态；

③获取建筑材质的细部纹理图片；

④对获取的纹理图片进行色彩和亮度的调整；

⑤对调整好的图片按照纹理制作要求保存。

图 4-46　建筑图片

训练二　建筑物建模

一、实训目的

①掌握 CAD 数据处理内容与处理方法；

②能进行 CAD 数据的处理；

③掌握 3ds Max 中建筑建模方法；

④能利用提供的配套资源进行建筑建模。

二、实训内容

①打开本书配套的 CAD 文件和大门建筑照片，如图 4-47 所示；

②进行 CAD 数据的处理，并导入到 3ds Max 中；

③根据配套的建筑照片，进行建筑模型的建立。

图 4-47　大门建筑图片

训练三　广场小品建模

一、实训目的
①掌握小品模型建模内容与方法；
②能利用 3ds Max 软件进行小品模型制作。
二、实训内容
①打开本书配套资料；
②利用 3ds Max 软件，进行图 4-48 广场小品模型制作。

图 4-48　小广场图片

训练四　石桥小品建模

一、实训目的
①掌握小品模型建模内容与方法；
②能利用 3ds Max 软件进行小品模型制作。
二、实训内容
①打开本书配套资料；
②利用 3ds Max 软件，进行图 4-49 石桥模型制作。

图 4-49　石桥图片

训练五　模型数据转换输出

一、实训目的

①掌握模型数据转换输出方法；

②能利用 3ds Max 软件自带的数据转换功能，进行 3ds 格式模型输出；

③掌握三维模型集成方法；

④能实现 3ds 格式模型在 GIS 软件中集成。

二、实训内容

①打开本书配套资料；

②利用 3ds Max 软件，将其转换为 3ds 格式模型输出；

③将转换后的模型导入到 ArcGIS 软件中，实现模型集成。

思考与练习

1. 简述三维建模数据处理的内容和流程。

2. 校园三维 GIS 中三维模型是如何分类的？

3. 简述校园三维 GIS 建模的主要内容。

4. 如何实现精细建筑物模型的制作？

项目五 三维 GIS 建模平台三维建模

【项目概述】

　　CityEngine 是美国环境系统研究所公司(Esri)推出的应用于城市三维建模的软件,可以利用二维数据快速创建三维场景,并能高效地进行规划设计。它实现了同 ArcGIS 的完美结合,能够充分利用现有的 GIS 建设成果,在二维空间数据的基础上,通过规则进行动态的、参数化的建模,这种方法也特别适用于大规模的城市尺度上的三维建模。近年来,Esri CityEngine 基于规则的批量建模技术崭露头角。规则建模是通过参数来控制和约束设计对象的形态。参数与形态特征之间具有显式的对应关系,设计结果的修改受到参数实时、动态的驱动。利用参数化技术开发的建模系统,可以充分发挥计算机强大的运算能力。本项目主要介绍 CityEngine 的安装、工程文件的创建和属性数据的导入、CityEngine 软件工作界面的组成及绘图环境的设置、各类函数的使用方法与基础模型的创建,最后介绍利用 CityEngine 软件进行三维场景的创建过程。

【学习目标】

　　1. 熟悉 CityEngine 的安装;
　　2. 掌握 CityEngine 工作界面和建模的方式;
　　3. 能利用 CityEngine 软件建模;
　　4. 了解 CGA 规则的编程理念和建模方法;
　　5. 能使用 CGA 规则进行基础模型的建模;
　　6. 了解三维场景的创建过程。

任务 5-1　CityEngine 软件三维建模

　　CityEngine 软件是一款城市三维建模与规划设计软件,它能通过规则快速调用 GIS 数据中的属性数据,进行自动批量建模,更好地利用了现有的 GIS 数据,提高了三维建模效率,为大场景下快速三维建模提供了一种新的手段。

一、认识 CityEngine 软件

(一)CityEngine 软件概览

　　CityEngine 是三维城市建模的首选软件,它能通过规则快速调用 GIS 数据中的属性数据,进行自动批量建模,更好地利用了现有 GIS 数据,提高了三维建模效率,为大场景下

三维快速建模提供了一种新的手段。CityEngine 软件界面如图 5-1 所示。该软件用于"数字城市"、城市规划、轨道交通、电力、管线、建筑、国防、仿真、游戏开发和电影制作等诸多领域。它可以利用二维数据快速地创建三维场景，并能高效地进行规划设计。它完美支持 ArcGIS 软件，使已有的 GIS 数据不需转换即可迅速完成三维建模，减少了投资的成本，缩短了三维 GIS 系统的建设周期。

基于规则的批量建模有如下优点：①建模快速便捷，易上手；②批量建模投入成本较低，投入产出比高；③生成的模型具有地理坐标，导入场景时方便迅速；④基本规则建立后，建模周期短，效率高，人力成本适中；⑤与其他建模方法兼容性好，可互补有无；⑥模型精细程度较高，能够满足大部分城市三维建模的要求。

图 5-1　CityEngine 软件界面图

(二) CityEngine 软件的特点

CityEngine 软件最大的优势在于可以利用规则实现批量建模。除此之外，对多种 GIS 数据、多个行业标准的 3D 格式数据的支持，交互式的规则生成工具，一键发布 WebScene 等特点，都使得 CityEngine 软件的建模过程更加简单与便捷。

CGA 规则是 CityEngine 软件特有的程序设计语言，也是软件的核心部分，其通过定义一系列的几何和纹理特征来决定模型如何生成。CityEngine 软件创建的模型是使用 CGA 文件来进行描述的。CGA 文件是用于存储 CGA 规则的文件夹，一个 CGA 文件中可以包含一条或多条 CGA 规则，这些规则定义了真实模型几何的生成方式。当一个 CGA 规则赋予到一个模型上之后，便可以根据规则的定义开始生成建筑模型，而 CGA 文件就是整个三维场景中所用到的所有 CGA 规则的集合。

(三) CityEngine 软件基础

以规则为驱动、适宜于大场景的快速三维建模是 CityEngine 的主要特点。在某种程度上，城市三维建模的过程就是场景生成和不断完善的过程。本节主要讲述了 CityEngine 中场景图层的分类、CityEngine 软件的界面、常用的快捷键列表和工程文件的组成几个部分的作用。最后，介绍 CityEngine 软件的安装工程。

1. CityEngine 的场景图层

场景是三维建模与浏览的场合与环境，这个场合与环境既有单个镜头空间与模型的设计，也包含多个相连镜头所形成的场景要素，它是 CityEngine 三维建模的基础，可以真实客观地再现环境的数字化信息。场景信息的数字化表示使得现实场景可以在各种角度的视野下充分展现其细节信息，方便理解模型所处的周围环境信息。

图层是场景中具有组织功能的要素，用户可以将图层作为辅助选择手段，也可以通过隐藏图层的操作快速地对可见图层上的对象进行编辑与修改，还可以通过图层来查看或设置其所对应对象的属性特征。使用分层技术是 CityEngine 软件提高生产效率的重要技巧，图层的特性使其功能更加强大，工作流程更加流畅。

CityEngine 软件场景中的图层包括灯光图层、背景图层、地图图层、地形图层、道路网图层、静态模型图层等。

下面将分别对各个图层的功能与特点进行详细介绍：

(1)灯光图层

灯光图层用于控制对象在 3D 视图中被照射的效果，如图 5-2(a)为灯光图层可见的效果，图 5-2(b)为灯光图层不可见的效果。它是一个固定的图层，即会随着场景的创建而自动生成且不能删除，但可以选择在编辑时将其隐藏。

(a)灯光图层可见　　　　　　　　　　(b)灯光图层不可见

图 5-2　灯光图层显示与隐藏的效果图

在灯光图层的属性窗口中，可以对灯光图层的太阳高度角（solar elevation）、太阳方位角（solar azimuth angle）、太阳辐射强度（solar intensity）、环境光强度（ambient intensity）、阴影衰减系数（shadow attenuation）等参数进行自定义设置。通过创建用户自定义的环境光参数，来达到所期望的场景效果，如图 5-3 所示。

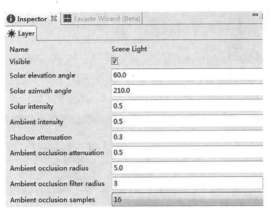

图 5-3　灯光图层属性表

（2）背景图层

背景图层用于控制 3D 视图中天空背景的效果，如图 5-4 所示，它也是一个固定图层。

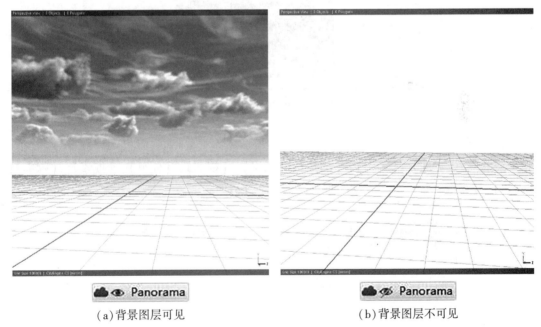

（a）背景图层可见　　　　　　　　　　（b）背景图层不可见

图 5-4　背景图层效果对比图

背景图层效果是由环境图与反射图两个图叠加而成的效果图。环境图主要控制天空的样式，反射图用于控制模型中具有反射属性材质的反射光效果。

（3）地图图层

地图图层有两个主要功能：一是将栅格数据作为地图对象添加到场景中来；二是使用地图影像数据的各种属性值，例如，地图影像数据的坐标、分辨率、高程值等属性，都可在地图图层中展现，值得注意的是，地图图层并不包括矢量数据。

二、CityEngine 界面

CityEngine 软件的界面可以分为菜单栏、工具栏、文件导航视窗、图像预览视窗、3D视窗、场景编辑器、CGA 规则编辑器、属性编辑器等几部分，如图 5-5 所示。

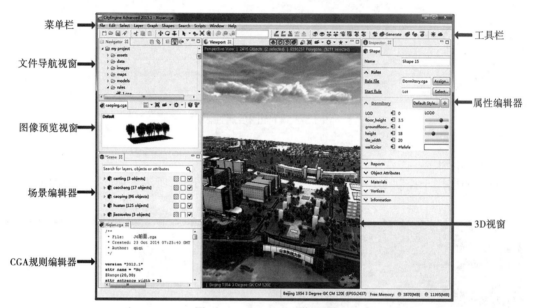

图 5-5　CityEngine 工作界面

1. 菜单栏

菜单栏由【文件】、【编辑】、【选择】、【图层】、【视图】、【模型】、【搜索】、【脚本】、【窗口】、【帮助】这 10 个子菜单组成，如图 5-6 所示。

图 5-6　CityEngine 软件菜单栏

【文件】菜单：【文件】菜单的各个菜单项的功能是完成对三维模型的基础操作，如新建、保存、刷新、导入和导出等；

【编辑】菜单：【编辑】菜单的作用是对三维模型进行编辑操作，如复制、粘贴、撤销操作等；

【选择】菜单：【选择】菜单的作用是对场景中的模型进行多样化的选择；

【图层】菜单：【图层】菜单的作用是对场景中的图层进行编辑操作；

【视图】菜单：【视图】菜单的作用是在 3D 视图区域中，手动编辑模型和对模型的属性进行分析计算；

【模型】菜单：【模型】菜单的作用是针对动态模型进行编辑处理；

【搜索】菜单：【搜索】菜单的作用是对模型或文件进行搜索；

【窗口】菜单：【窗口】菜单的作用是打开或编辑窗口布局。

2. 工具栏

如同其他 Windows 软件，工具栏通常是将各种常用的应用工具综合排列在一起，方便用户快捷使用，CityEngine 的工具栏如图 5-7 所示。工具栏中的图标在菜单栏中都有相应的标示，在此就不再赘述。

图 5-7　CityEngine 工具栏

3. 文件导航视窗

文件导航视窗显示了当前用户所有的工程文件，在视窗中用户可以管理、查看与编辑工程文件，并对文件或图像进行基本的操作处理，如图 5-8 所示。

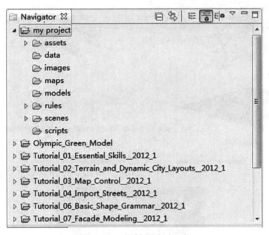

图 5-8　文件导航视窗

4. 图像预览视窗

图像预览视窗是工程文件中规则文件或图像文件的预览窗口，通过图像预览视窗可以改变观察的角度，对规则文件或图像文件所生成的模型进行预览等，如图 5-9 所示。

5. 3D 视窗

3D 视窗是观看三维场景的窗口，主要用于场景与模型的查看和编辑。支持各种物体的旋转、移动、缩放等操作，可以设置格网、环境光、灯光开关等参数。亦可轻松实现太阳光

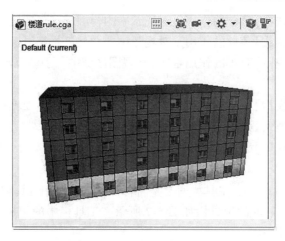

图 5-9 图形预览视窗

晕的创建，即所见即所得的编辑环境，使用户可以轻松完成 3D 场景的整个制作过程，通过
3D 视窗，用户可以更加清晰明确地看到所建立的模型的概况与细节，并可对模型进行修改
与调整，大部分手动的模型编辑操作都是在这个视窗下完成的，如图 5-10 所示。

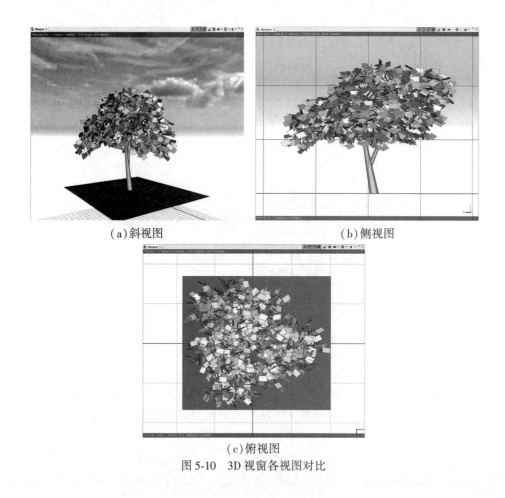

(a)斜视图　　　　　　　　　　　(b)侧视图

(c)俯视图

图 5-10　3D 视窗各视图对比

3D 视窗中包含有场景设置、视窗设置等基本属性设置图标，如图 5-11 所示。

图 5-11　3D 视窗工具条

各图标的作用从左至右依次为：

①地形显示控制：【地形显示控制】按钮 ，可以控制 3D 视窗内的场景中地形图层的显示或隐藏。

②道路格网显示控制：【道路格网显示控制】按钮 ，可以控制 3D 视窗内场景中道路格网图层的显示或隐藏。

③多边形显示控制：【多边形显示控制】按钮 可以控制 3D 视窗内场景中多边形图层的显示或隐藏。

④模型显示控制：【模型显示控制】按钮 可以控制 3D 视窗内的场景中所有模型的显示或隐藏。

⑤隔离选择：【隔离选择】按钮 可以隐藏 3D 视窗内的场景中除了所选择模型或多边形以外的所有元素(地形图层除外)，用户可以对所选择的模型或多边形单独进行查看与操作。

⑥最大化选择：【最大化选择】按钮 可以将所选择的元素最大化地显示在 3D 视窗内(若没有选择任何元素，则默认为全景概览)。

⑦透视视角：【透视视角】按钮 可以选择 3D 视窗的视图角度，其中可以选择正交视图、焦距、正视图、俯视图、侧视图等视图角度。

⑧视图窗口设置：【视图窗口设置】按钮 可以打开设置工具栏，设置场景中模型显示的基本属性，如图 5-12 所示。模型显示模式对比效果如图 5-13 所示。

图 5-12　【视图窗口设置】设置工具栏

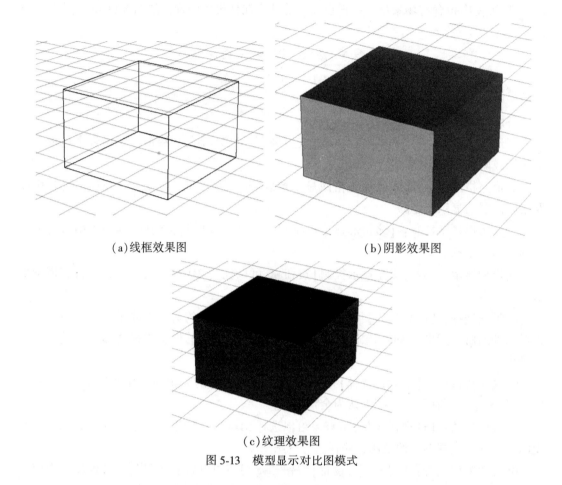

(a)线框效果图　　　　　　　　　　　　　(b)阴影效果图

(c)纹理效果图

图 5-13　模型显示对比图模式

　　⑨添加标签：标签是用来标志目标的内容或分类，以便于自己或他人再次查询或定位目标的工具。例如，在 CityEngine 软件中通过添加标签可标记场景中实时的视图角度，以便定位查询。

　　6. 场景编辑器

　　场景编辑器，主要对场景中的各个图层、对象进行编辑与管理，通过点击◉图标，可以管理图层的可见与不可见，如图 5-14 所示。

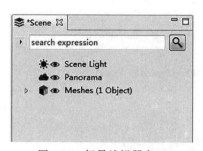

图 5-14　场景编辑器窗口

7. CGA 规则编辑器

通过双击文件导航视窗中的 CGA 规则，可以使该规则在 CGA 规则编辑器中打开。CGA 规则编辑器如图 5-15 所示。可以对 CGA 规则的文本进行编辑，支持各种常规的文本操作。

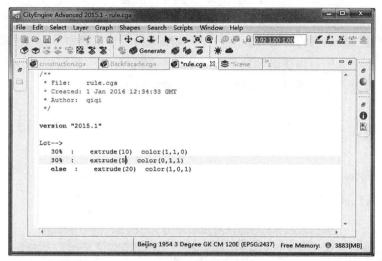

图 5-15　CGA 规则编辑器窗口

8. 属性编辑器

属性编辑器方便用户查看对象的各类属性并能进行编辑或修改，属性编辑器窗口如图 5-16 所示，图中显示的是道路模型的属性列表。

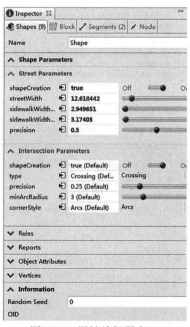

图 5-16　属性编辑器窗口

在属性编辑器中，用户可以通过拉动属性对象后面的小圆球或直接更改文本框中的对象来改变该属性对象的值，这是 CityEngine 软件中基于规则的参数化建模的最大特色。

任务 5-2 资料准备

数据是创建三维场景的前提与基础，为了真实地再现建筑模型外观与校园风光，需要多种数据的支持。为使组织更加明晰，便于系统数据管理，将数据类型分为地图矢量数据、地图影像数据、道路数据、纹理贴图数据、模型数据。

一、软件安装

本节以 CityEngine 2015 版为例，讲解 CityEngine 软件的安装步骤：

①打开 CityEngine 2015 安装文件，进入安装界面，如图 5-17 所示。

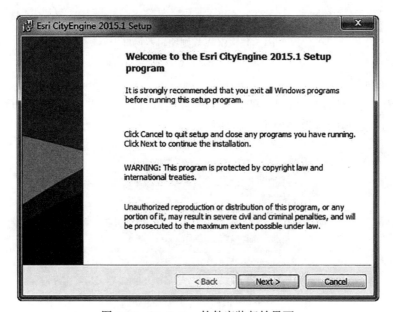

图 5-17　CityEngine 软件安装起始界面

②单击【Next】，进入安装许可证协议界面，如图 5-18 所示，选择"I accept the license agreement"并单击【Next】继续。

③选择 CityEngine 软件安装的存放路径，如图 5-19 所示，单击【Next】开始安装。

④安装完成后，点击【Next】继续，在安装完成对话框中单击【Finish】，完成安装，如图 5-20 所示。

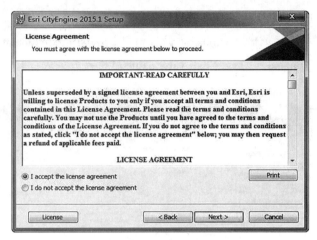

图 5-18　软件安装许可协议

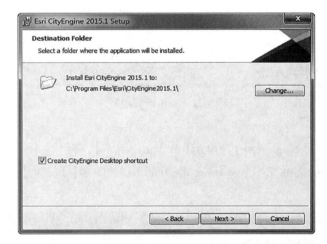

图 5-19　软件安装路径

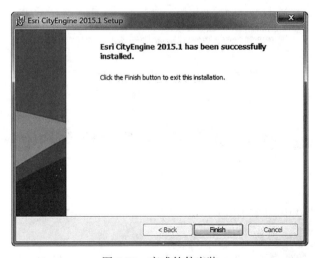

图 5-20　完成软件安装

⑤软件安装完成后要对其可用性进行授权。在【开始】菜单中打开程序文件中的
【ESRI】文件夹，单击【ArcGIS Administrator】，打开【ArcGIS Administrator】对话框，如图
5-21所示，单击【CityEngine】，打开【Esri CityEngine 软件授权列表框】。

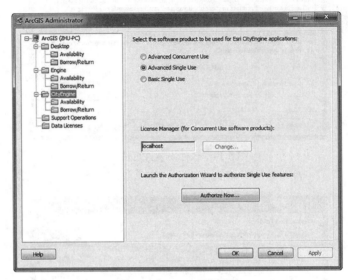

图 5-21　ArcGIS 管理器

⑥选择【Advanced Single Use】，单击【Authorize Now】，打开【Authorization Method】对
话框，选择"Authorize with Esri now using the Internet"，单击【下一步】，如图 5-22 所示。

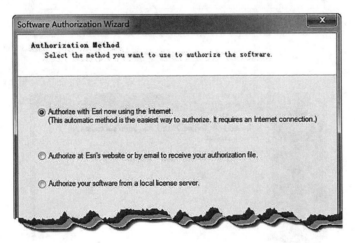

图 5-22　软件授权界面

⑦在用户登记表中填写用户基础信息，单击【Next】，输入软件授权码，点击
"Authorize now…"，完成授权。

　　注：CityEngine 软件授权需要授权码，在官网上进行申请即可，每个授权码可以免费

使用 30 天。

二、地图矢量数据

地图矢量数据是指所构建区域范围的底面信息数据，包括建筑底面数据、道路数据、绿化区数据等，其中存储有不同类型区域的属性信息。建筑底面数据是场景中建筑模型创建的基础数据，可以规则定义或模型替换的形式在建筑底面的基础上，进行建筑模型的创建。

建筑底面数据包含建筑模型的属性信息，如名称、高度、楼层数等，对于标志性的建筑，可以通过调用其名称属性，对底面数据进行替换，直接代入已有的建筑模型，可减少规则建模的繁琐，快速创建模型。

地图矢量数据可以是创建区域的矢量图，在 ArcMap 中进行矢量数据的编辑，该数据根据不同的区域类别，分为不同的图层，如建筑、道路、花坛、草坪，由于 CityEngine 对中文的可读性不好，因此将所有的矢量图层名称全部改为英文，如图 5-23 所示。不同的图层代表着不同的地理实体，将地图矢量数据导入 CityEngine 后，可以对不同的图进行区分定义，实现快速完成大范围的场景建模效果。

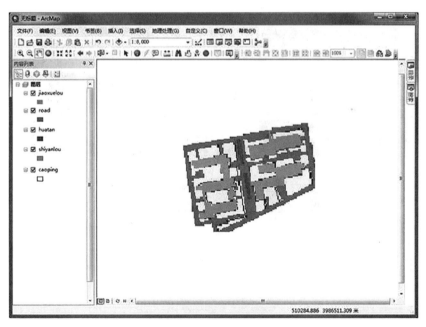

图 5-23　某小区矢量数据

在 ArcMap 中对矢量数据的属性进行编辑与修改，不同的楼房之间有着细微的差别，可以通过定义不同的外观属性(如高度等)来增加模型之间的多样性，如图 5-24 所示。

OBJECTI	Shape	Id	name	Shape_Length	Shape_Area	height	Groundflo	Floor_n	Floor_heig
1	面	0	J6	752.827206	5452.453428	23	5	5	4
2	面	0	J4	766.659763	4796.982982	20	5	5	4
3	面	0	J8	410.142955	3215.535533	20	5	5	4
4	面	0	J14	780.381869	10125.016583	25	5	5	4
5	面	0	tq	67.694618	152.669367	5	5	1	<空>
6	面	0	J2	764.331012	4537.690377	15	5	5	4
7	面	0	J3	628.234015	3139.614422	23	5	5	4
8	面	0	J5	301.876831	4527.138489	23	5	5	4
9	面	0	J15	378.931744	6645.41474	20	5	5	4
10	面	0	J1	675.768093	6487.883295	25	5	6	4
11	面	0	J13	235.34432	3303.228501	23	5	5	4
12	面	0	J11	533.600381	5130.557518	23	5	5	4
13	面	0	Administr	328.962926	2389.530883	<空>	<空>	<空>	<空>
15	面	0	S2	264.058646	2256.280417	18	8	3	5

图 5-24　地块属性数据

三、纹理贴图数据

纹理贴图数据是指在规则建模中用于对建筑的外观纹理进行贴图的图片数据，也是影响整个建模效果的重要部分。而在较大场景中，纹理图片往往数量较多，且用途繁杂，因此，纹理数据的命名与分类的存储也是需要注意的地方。

本实例中，将建筑模型外观的纹理图片存储于一个文件夹中，其中包括门、窗、墙体、屋顶等各类图片，如图 5-25 所示。

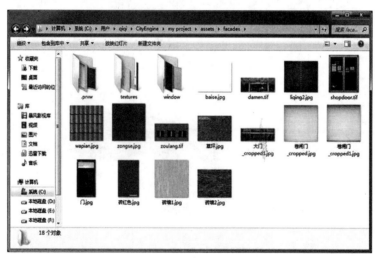

图 5-25　建筑外观纹理图

四、模型数据

模型数据是指一些复杂度或重复利用率较高的模型，如标志性建筑、建筑的细节化模型(如阳台等)、植物模型等，通过利用已有的模型数据，可以省去一部分重复劳动。

植物模型包括树木、花坛、草坪等，用于丰富场景中的绿化效果。本项目研究区域中植被多样化，需准备多种不同种类的植物模型，树木模型样式如图 5-26 所示。

图 5-26　行道树模型

任务 5-3　模型建立

CGA 规则是 CityEngine 软件独特的语言模式，CityEngine 建模过程中通过使用 CGA 规则定义好房屋、水域、树木等模型的位置、形态等信息，以此来创建三维模型。利用 CGA 规则建模，可以达到批量、快速建模的效果，节省大量的人工重复劳动。本节通过讲解规则的编写流程与技巧来进行房屋建模。

一、规则建模的原理与方法

规则建模的基本原理是具体化、简单化、细节化地将模型的结构拆开来进行逐个地详细分析，再通过规则对每个部分进行定义，执行循环与迭代等操作，最后完成整个模型的建模。此方法与其他常用的三维建模软件相比，能有效地提高模型的重用率，保证模型信息的一致性，使设计条理更加清晰。

CGA(Computer Generated Architecture，计算机生成的建筑模型)规则包含一个非常大的代码库，其中包括建模过程中使用到的所有函数，程序员可以对其进行调用与编辑来进行具体的建模设计。它的根本作用在于将客观原型化繁为简、化难为易，通过优化的迭代设计来创建并丰富模型的细节，便于人们用定量的方法去解决实际问题。

CGA 规则执行的过程如图 5-27 所示，其中 A 代表原始模型名词，B 代表规则执行后生成的模型名称，规则的运行方向是由 A 生成 B，则 B 是 A 的叶子模型，A 为主干模型，规则执行结束后，A 模型即失效，在之后的规则中不可再出现与 A 同名的模型。

由图 5-28 可以看出，规则执行的模式即是将原有的模型(predecessor shape)通过一系列的变换，替换成另一个模型。

图 5-27 CGA 规则执行流程图

（a）原始地块矢量模型　　　　　　（b）规则定义后的模型

图 5-28 模型替换示意图

二、软件启动

启动 CityEngine 软件，可采用以下两种方法：

1. 快捷图标

CityEngine 软件成功安装后，系统会自动在计算机桌面上生成一个 CityEngine 软件的快捷方式的图标，双击该快捷方式图标或者右键单击，在弹出的菜单中选择打开，即可启动 CityEngine 软件。

2. 程序菜单

CityEngine 软件成功安装后，在【开始】菜单中选择【所有程序】→【ArcGIS】→【CityEngine】，鼠标左键单击，即可启动 CityEngine 软件。

 小贴士　　根据我国的国家标准，三维 GIS 建模中单位一般设置为"毫米"或"米"。

三、三维模型的建立

☞ **案例 5-1**　旋转楼梯创建

制作要求：利用 attr 函数、extrude 函数、split 函数及 R 函数等工具直接创建旋转楼梯模型。旋转楼梯模型效果见图 5-29。

制作目的：掌握各种函数语句的命令含义和使用方法，能进行各种类型旋转楼梯的直接创建。

操作步骤如下：

1. 建立一个 CE 新工程

①单击【File（文件）】→【New（新建）】→【CityEngine】→【CityEngine project（CE 工程）】，打开新建工程对话框。

②单击【Next】，将工程命名为"My first City"，单击【Finish】，完成工程文件的创建。这时，一个新的工程文件就建好了，用户可在文件导航视窗中查看，可以看到一个工程文件中默认包含了【assets】、【data】、【images】、【mapes】、【models】、【rules】、【scenes】、【scripts】这 8 个文件夹，分别储存相应的文件信息。

2. 在新建的工程文件中创建一个新的场景

选中【My first City】文件中的【scenes】文件夹，单击鼠标右键选择【new】→【CityEngine scene】。默认存储位置为"My first City"工程文件夹中的"scene"文件夹，给场景命名为"My first city"，单击【finish】，完成操作。

3. 新建一个规则文件

在"My first City"文件中的"rules"文件夹下，单击鼠标右键，新建一个规则文件，并双击打开。

注：以上步骤为基础内容，在以下案例中不再赘述。

4. 规则定义

规则定义代码如下：

```
attr  height =18        //定义楼梯每节台阶高度
attr  dy = 2
Lot—>
   extrude(height)      //拉伸出基础建筑的高度
   split(y){  dy:  r(0,180 * split.index/split.total,0)
      X. }*            //通过旋转函数与切分函数的循环切分来制作旋转楼梯
```

上述规则通过对底面拉伸出的模型沿着 Y 轴循环旋转，制作出旋转楼梯的效果。该规则的应用效果如图 5-29 所示。

图 5-29　旋转楼梯效果图

☞ **案例 5-2** 金字塔创建

制作要求：利用 attr 函数、extrude 函数、comp 函数、split 函数、case 函数、center 函数及 NIL 函数等直接创建金字塔模型。金字塔模型效果如图 5-30 所示。

制作目的：掌握各种函数语句的命令含义和使用方法，能进行金字塔模型的直接创建。

操作步骤如下：

编辑 CGA 规则、代码如下：

```
attr Fact = 0.8                          //定义缩放比例
attr height = 0.8                        //定义金字塔每层高度为 0.8
attr Stop = 2
Lot→
   extrude(0.8)
   comp(f){top:Erker}                    //仅分离出模型顶面,以便后续进行循环迭代
Erker→
   case(scope.sx > Stop):
      s('Fact,'Fact,0)                   //对顶面的长宽尺寸按照一定比例进行缩放
      center(xy)                         //将缩放后的模型居中
      extrude(height)                    //拉伸出层高
      X
      comp(f){top:color(1,1,0) Erker}    //分离出模型顶面,进行循环切分
   else:
      NIL                                //当缩放的尺寸小于规定的停止尺寸时,停
                                         //  止迭代
```

函数运行效果如图 5-30 所示。

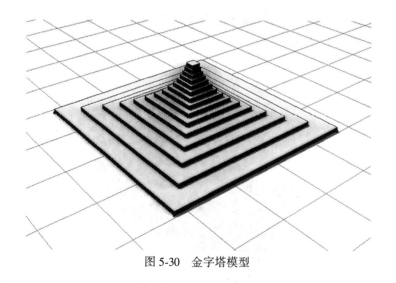

图 5-30 金字塔模型

☞ **案例 5-3**　各类屋顶模型创建

制作要求：学会利用 roof 函数制造各类房屋屋顶样式。

制作目的：掌握 roof 函数语句的各种命令含义和使用方法，能进行各类房屋屋顶的直接创建。

操作步骤如下：

1. 单坡式屋顶

单坡式屋顶指的是屋顶只有一个斜平面，由外墙的一边斜向对面的外墙，多用于厂房车间的屋顶、少数民族的住宅或沿山势而建的房屋。建造单坡式屋顶要用到 roofShed 函数。

roofShed(angle, index)：单坡式屋顶函数。其参数包括以下两个：

①angle 代表屋顶倾斜的角度；

②index 代表坡底起始边的索引值。

编辑 CGA 规则，代码如下：

```
Lot->
extrude(20)
split(y){~6：color(1,0,1)  GroundFloor |{ 6：color(1,0,0)  Floor
}*}
roofShed(30,1)
```

上述代码生成了倾角为 30 度、以索引值为 1 的边为起始边的单坡式屋顶，结果如图 5-31 所示。

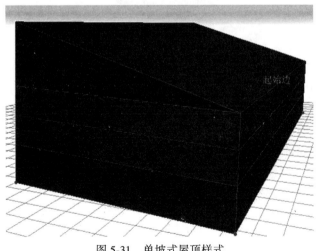

图 5-31　单坡式屋顶样式

2. 双坡式屋顶

双坡式屋顶是指屋顶有两个对折的双向斜坡面，通常用于单层住宅。双坡式屋顶是生活中最为常见的屋顶样式之一，车库、棚屋、阁楼等建筑都使用该样式屋顶。

roofGable(angle, overhangX, overhangY, even, index)：双坡式屋顶函数。具体参数介绍如下：

①overhangX、overhangY：控制屋檐 X、Y 方向延伸出来的长度；

②Even：控制是否生成屋顶山墙，属性值为 0 或 1，0 代表不生成，1 代表生成。

编辑 CGA 规则，代码如下：

```
Lot →
extrude(20)
split(y){~6: color(1,0,1) GroundFloor |{ 6: color(1,0,0) Floor
}*}
roofGable(45,0.5,0.5)
```

上述代码定义了一个倾斜角度为 45 度、屋檐 X、Y 方向延伸出长度为 0.5 的双坡式屋檐，其样式如图 5-32 所示。

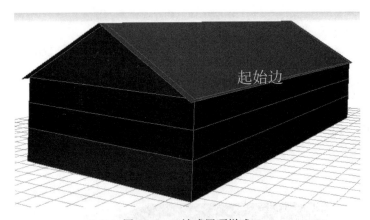

图 5-32　双坡式屋顶样式

3. 四坡式屋顶

四坡式屋顶是指双坡式屋顶的两侧山墙处再各加一斜坡面。小洋楼等层面多为四坡式屋顶，四坡式屋顶在乡镇或土建住宅中较为常见。

roofHip(angle, overhang, even)：四坡式屋顶函数。具体参数介绍如下：

①overhang：代表屋檐宽度，决定了屋顶垂直于边缘延伸出的宽度；

②even：决定是否生成屋顶山墙。

编辑 CGA 规则，代码如下：

```
Lot →
extrude(20)
split(y){~6: color(1,0,1) GroundFloor |{ 6: color(1,0,0) Floor
}*}
```

```
roofHip(30,0.5,1)
```

上述代码创建了倾角为 35 度、屋檐宽度为 0.5 的四坡式屋顶结构，其样式如图 5-33 所示。

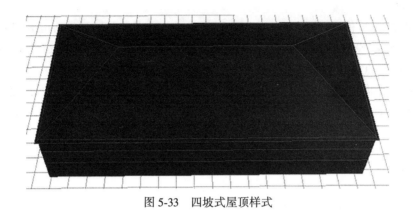

图 5-33 四坡式屋顶样式

4. 金字塔式屋顶

金字塔式屋顶，顾名思义，就是像金字塔一样的屋顶样式。

roofPyramid(angle)：金字塔式屋顶规则。

编辑 CGA 规则，代码如下：

```
Lot →
extrude(20)
split(y){~6: color(1,0,1)  GroundFloor |{ 6: color(1,0,0)  Floor
}*}
roofPyramid(30)
```

上述代码创建了倾斜角度为 30°的金字塔式屋顶，其样式如图 5-34 所示。金字塔式屋顶在我国古建筑、西方建筑中较为常见，在制作相关建筑时可以进行调用。

图 5-34 金字塔式屋顶样式

☞ **案例 5-4** 教学楼模型创建

制作要求：学会利用多种函数制造房屋样式。

制作目的：掌握 extrude 函数、comp 函数、split 函数等语句的各种命令含义和使用方法，能进行各类房屋样式的直接创建。

操作步骤如下：

①新建 CGA 文件：单击【New(新建)】→【CityEngine】→【CGA Grammar File(CGA 规则文件)】，正确地设置存储位置【School/rules】，将文件命名为 myFacade_01.cga，点击【Finish】，完成 CGA 文件的创建。

②通过拉伸创建模型。首先在规则文件的开始定义教学楼的高度属性，定义的属性将会显示在 Inspector 属性表中，并用拉伸函数生成教学楼模型的初步轮廓大小，具体代码如下：

```
attr height = 24
Lot →
    extrude(height) Building
```

③使用组件分离函数分离出模型的正立面、侧立面、顶面等三个面。其中，正立面为教学楼的正面，侧立面为教学楼的左、右、后方三个面，如此分割是为以后对每个立面的单独建模打下基础。

相应代码如下：

```
Building → comp(f) | front: Frontfacade | side: Sidefacade | top:
Topfacade|
```

④由于正立面与其他侧面的样式不同，需要对正立面进行单独的规则建模。注意，模型的 Y 轴为竖直方向，X 与 Z 轴为水平方向。将正立面按照楼层高度的不同由下到上水平切分出不同的楼层，可以对中间的楼层进行重复切分，并对一楼以上的楼层切分出各个房间的宽度。在切割过程中，利用"~"符号对切割的长度进行自动调整，使规则可以动态地适应不同的建筑物高度。注意，可以在规则前定义模型各部分的属性，以便后期对模型的调整。相应代码如下：

```
attr groundfloor_height = 5.5    //教学楼的一层高度为 5.5
attr floor_height = 4.5          //教学楼二层及以上楼层的高度为 4.5
Frontfacade →
split(y)|groundfloor_height    : Groundfloor
       ||~floor_height: UPFloor| * |     //将模型沿 Y 轴由下而上切分出
                                                各个楼层

UPFloor→
    split(x)|1    : Wall
    ||~tile_width  : Tile| *
    |1            : Wall
```

　　}　　　　　　　　　　　　　　　　　// 对一楼以上楼层切出每个房间的宽度

　　教学楼的大致结构已经成型，如图 5-35 所示。可以看到模型的正面被切分为 5 层，底层为单独切分的一层，二层至五层被循环切分出各个房间的单独模型。

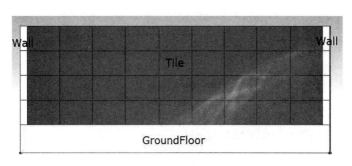

图 5-35　教学楼初步切分结果

　　⑤一楼楼层的中间有一个大门，为了确保建筑的大门位于模型底部宽度的中间位置，本规则采用了从左右两个方向进行重复切割的方法，从楼体两侧开始分别向中间进行重复切割，且切割的宽度相等，保证为中间留出 5m 的大门位置，使大门可以居于一楼的正中间，也可以计算好整个建筑底部的宽度与各个切割部分宽度重复的次数，来确保大门的位置。

　　相应代码如下：

```
attr tile_width = 3.1
    Groundfloor ->
    split(x){
        |{ ~tile_width: GroundTile }*    // 对一楼的房间宽度进行重复
                                                    切割
        |5            : EntranceTile        //将大门的宽度定义为固定值
        |{ ~tile_width: GroundTile }*
        }
```

　　上述代码将教学楼一楼的教室与大门位置完美切割出来，保证了大门居于一层的中间位置，如图 5-36 所示。

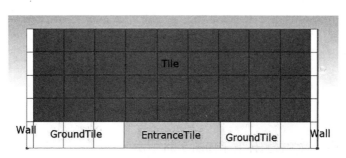

图 5-36　教学楼整体框架切分结果

⑥对切出的模块再进行细化切割，来切出窗户的位置。相应代码如下：

```
Tile —>
    split(x){ ~1: Wall
        | 2: split(y){ 1: Wall |1.5: Window | ~1: Wall }
        | ~1: Wall }
GroundTile—>
    split(x){ ~1: GroundWall
        | 2: split(y){ 1: GroundWall |1.5: Window
        | ~1: GroundWall }
```

细化后的教学楼模型如图 5-37 所示，至此，教学楼正立面的结构建模完成。

图 5-37　模型正面切割的效果图

⑦对模型的侧面进行楼体切分，不同的是不需要大门与中间的空墙，因此对单个房间的宽度进行重复切分即可，切割函数如下：

```
Sidefacade —>
    split(y){groundfloor_height    : Sidefloor
        |{~floor_height: Floor} * }
Sidefloor—>
    split(x){1    :GroundWall
    |{~tile_width  :GroundTile} *
    |1            :GroundWall
    }
```

侧面切分完毕，教学楼整体效果如图 5-38 所示。

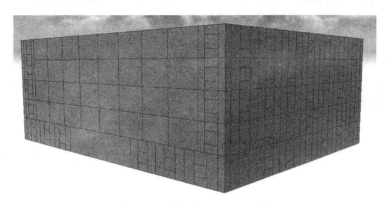

图 5-38　教学楼整体切分完毕

至此，教学楼模型的整个结构框架已完成，在编写规则的过程中，可以发现规则建模的关键在于对模型整体构架的把握，并能够通过有着强大逻辑性的规则函数将其完美表现出来。

⑧贴图数据准备，导入纹理图片。

选择工程中的【assets】文件夹，单击鼠标右键，选择【Import】，弹出【数据导入对话框】，如图 5-39 所示。选择【FileSystem】，可用于导入 CityEngine 建模中所需的所有类型外部文件；"Examples and Tutorials"选项用于导入 CityEngine 官方提供的实例与教程文件；"Files into Existing Project"选项用于将外部的文件夹导入 CityEngine 的工程文件中；"Project"选项用于导入外部的工程文件到内部的工作空间。

图 5-39　数据导入对话框

⑨单击【File】→【Import】，打开文件导入对话框，如图 5-40 所示。在右边的选项框里勾选所要导入的纹理文件名称，单击【Select All】和【Deselect All】可以勾选或取消勾选选项框中的全部文件；选中复选框"Overwriting existing resources without warning"与单选框"Create selected folders only"时，当遇到已存在的文件时将会直接覆盖而不会提醒，且只创建所选择的文件，而不会创建完整的文件夹结构。如果选择"Create complete folder structure"选项将创建该文件的整个文件夹结构。

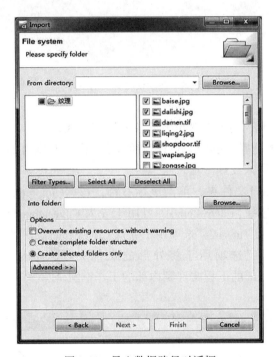

图 5-40　导入数据路径对话框

⑩单击【Finish】完成纹理文件的导入，可以看到在教学楼工程中的"assets"文件夹下已经存入了所导入的纹理文件，如图 5-41 所示。

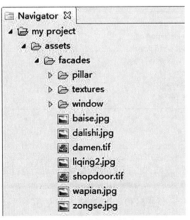

图 5-41　纹理导入结果显示

⑪编写 CGA 规则来进行纹理图片贴图。

主要核心规则代码如下：

```
const Frontwall_tex      = "facades/砖墙 2.jpg"
const Sidewall_tex      ="facades/zongse.jpg"

const dirt_tex          = "facades/textures/dirtmap.15.tif"
const roof_tex          = "roofs/roof.tif"    //定义模型各部位贴图纹理路径
FrontFacade→
    setupProjection(0, scope.xy,scope.sx, scope.sy)
                          //设置初始范围投影坐标,底图设置为位置图
    texture(wall_tex)    //纹理图片为 wall_tex 所代表的纹理路径
    projectUV(0)          //完成纹理贴图
TopFacade→                //顶面纹理定义


    color(wallColor)      //定义顶面纹理底图颜色
    setupProjection(0, scope.xy,scope.sx, scope.sy)
                          //定义纹理贴图坐标
    texture(roof_tex)    //贴图纹理图片
    projectUV(0)
const window_asset = "facades/window.obj"   //定义窗户纹理图片来源
randomWindowTexture =  fileRandom ( " * facades/textures/window. *
.tif")
                    //设置窗户贴图为该文件夹下的图片随机选择贴图
Window →
    t(0,0,-0.25)                  //沿 z 轴向内拉伸 0.25,setupProjection
(0,scope.xy,scope.sx,scope.sy)
//设置初始范围投影坐标,底图设置的 uvset 属性为 0
    texture(randomWindowTexture)
//纹理图片为 WindowTexture 所代表的纹理路径
    projectUV(0)              //完成纹理贴图
```

贴图效果如图 5-42 所示，模型的正面、顶面被贴上相应的图片纹理。

图 5-42　建筑贴图效果图

☞ **案例 5-5**　宿舍楼模型创建

制作要求：学会利用多种函数的不同变化制造复杂房屋样式。

制作目的：掌握 extrude 函数、comp 函数、split 函数等语句的各种命令含义和使用方法，能进行多种复杂房屋样式的直接创建。

操作步骤如下：

(1)定义宿舍楼参数属性

为使建筑模型更加精细，本案例设置了 height、groundfloor_height、floor_height、tile_width 等参数，分别代表了楼高、底层层高、平均层高、房间宽。并定义了建筑的窗户、墙体、楼顶、底层墙体的纹理图片来源。每一个属性参数都可在属性编辑器中进行实时修改，核心规则如下：

```
@ Range(2,6)
attr height          = 18
attr groundfloor_height = 4
@ Range(2,6)
attr floor_height    = 3.5
@ Range(1,25)
attr tile_width      = 5    //定义宿舍楼的长宽高、楼层高等属性
const window_asset       = "facades/window.obj"
const frontdoor_tex      = "facades/damen.tif"
const wall_tex           = "facades/砖墙2.jpg"
const dirt_tex           = "facades/textures/dirtmap.15.tif"
const roof_tex           = "roofs/roof.tif"
const groundfloor_tex    = "facades/textures/一楼墙面.jpg"
```

266

```
const window_tex              = "facades/window/sushechuang1.jpg"
```
　　//对建筑的纹理图片来源进行定义

（2）宿舍楼大体轮廓建立

将矢量地图拉伸到一定的高度，进行各个面的切分，分别切分出正面、侧面、反面和顶面，并命名为"Frontfacade（正面）"、"Sidefacade（侧面）"、"Roof（顶面）"，由于宿舍楼的正面与反面相同，因此定义为同样的名称，减少编程工作量。将正面按照高度的不同切分为不同的楼层，底层命名为"Groundfloor"，中间层命名为"Floor"，由于宿舍顶层的样式与其他层不同，因此单独切分出来，命名为"Topfloor"。再对侧面楼层进行细化切分，命名为"Tile"。代码如下：

```
@ StartRule
Lot —>
    extrude(height) Building
Building —>                              //切分建筑面
    comp ( f ) | front: Frontfacade | left: Sidefacade | right :
Sidefacade |back: Backfacade |top: Roof|
Frontfacade —>           //对正面进行分割定义
    setupProjection(0, scope.xy, 1.5, 1, 1)
    setupProjection(2, scope.xy,scope.sx, scope.sy)
    split(y)|groundfloor_height   : Groundfloor
        ||~floor_height: Floor| *
        |floor_height  : Topfloor |
Topfloor—>           //对顶层进行分割
   split(x)| 1: Wall
        || ~tile_width: TileT | *
        |1: Wall |
```

（3）对宿舍楼进行细化建模

将单个房屋面再进行细化分割，向外经过拉伸、切分、挖空等函数，定义出长 1m，宽 2.3m，深 1.2m 的阳台模型部件，对"YangTai"两个阳台模型分别进行规则定义，核心规则如下：

```
YangTai —>
    color(wallColor)
    s('1,'1.4,2)                  //模型缩放
   set(material.dirtmap, dirt_tex)
i("builtin:cube:notex")          //模型替换
    projectUV(0)
    split(x)|~0.2: Wall1 | ~2.6: split(y)| ~0.2: Wall1 | ~1:NeiBu
```

```
|~2.1：ShangBu  |~1.6：Wall1 }  |~0.2：Wall1 }
    Lianlang→    //阳台细节化切分建模
        split(y){ ~1:YangTai |~ 2.3:WindowTile1|~0.2:Wall5}
        WindowTile1→
            split(y){~0.4:Wall4 |~ 1.8:Window |~0.3: Wall3 }
    YangTai→                //阳台细节化贴图建模
        extrude(2) alignScopeToAxes(y)
        split(x){~0.2:GroundWall2
        |~2.6： split(y){ ~0.2 : GroundWall2 |~1： split(z){~0.01:
Wall2 |~1.8:NIL | ~0.2 ： GroundWall2 } |~0.2： GroundWall2 }
```

建筑模型最终效果如图 5-43 所示。

图 5-43　建筑效果图

☞ **案例 5-6**　植被模型制作

制作要求：学会利用条件函数、替换函数和随机分布来创建大范围树木的随机分布种植。

制作目的：掌握 case 函数、i 函数、set 函数、scatter 函数等语句的各种命令含义和使用方法，能进行模型随机分布创建，当模型过于复杂无法用 CGA 规则进行创建时，可使用替换函数的方法进行外部模型替换。

操作步骤如下：

将植物模型统一保存在"objtree"文件夹下，通过 attr 函数提取绿化区的面积属性，并定义植物模型保存路径，使用 fileRandom 语句对文件夹中的植物模型进行随机提取，利用 case(条件函数)语句对不同面积的区域定义不同的树木种类与数量，再通过 i(替换)函数调用绿化区的属性名称和相应的植被模型，对不同的绿化区生产不同类型和数量的植被，最后使用 scatter(分散)函数将植被均匀分散在绿化区中。详细规则如下：

```
attr  tree_model  = fileRandom("assets/objtree/*.obj")
```
//调用objtree文件夹中的植物模型,并随机生成
```
attr  Shape_Area =0
```
//调用属性表中的area属性,若没有,则属性为0
```
Lot—>
case  area>100    : scatter(surface,10,uniform){ TreeCreate }
case  area>2000   : scatter(surface,30,uniform){ TreeCreate }
case  area>3000   : scatter(surface,50,uniform){ TreeCreate }
```
//条件语句定义不同面积下绿化区的植被数量
```
TreeCreate—>
  s(0,rand(5,10),0)  //定义一棵树的面积比,树木的高度在5~10m之间
i(tree_model)       //利用替换函数将树木模型代入
```

绿化区的建模完成，效果图如图 5-44 所示。

图 5-44　绿化区建模效果

☞ **案例 5-7**　校园场景构建

　　制作要求：完成了整个场景各个部分的规则定义与模型导入后，对整个场景进行模型的创建。

　　制作目的：掌握各种函数的多样化使用方式，掌握在不同地块赋予相应的规则，能通过已有的矢量数据、规则数据与复杂模型构建 3D 场景，了解 3D 场景的生成过程与发布。对三维场景的生成能够有总体的把握。

　　操作步骤如下：

　　整个校园场景包括 17 个图层，共 558 个矢量面数据，其中教学楼 18 栋；宿舍楼 59 栋；餐厅 3 座；不同类型绿化区矢量面 200 个；道路矢量面 237 个；操场 4 个；水体 2 个；其他模型 10 个。共编写规则 45 条。

　　完成了整个场景各个部分的规则定义与模型导入，接下来就可以对整个场景进行模型的创建。除了外部导入进来的模型外，其他场景部件都需要利用规则进行分类定义来完成。

　　场景根据不同的图层分为宿舍区、教学区、餐厅、道路、湖水、草坪等部分，如图 5-45 所示。

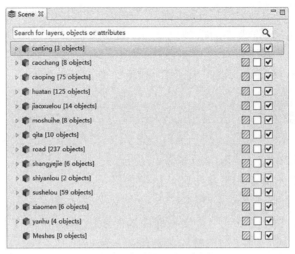

图 5-45　场景图层示意图

每个规则都是根据各个图层进行定义描述的，并根据图层中不同矢量面的属性进行了分类定义。因此，在场景创建时可直接选择该图层中的所有矢量，赋予相应的规则进行建模。

校园场景的构建步骤如下：

①在图层管理器中选中单个图层中的所有矢量面，并将规则文件夹中相应的规则文件拖曳到场景中，赋予在该图层中的任意矢量面上，完成该图层的建模。

②将所有图层赋予相应的规则，完成校园三维模型的大体框架。

③对各个模型进行最终审查与调整，如楼之间的间距、建筑物的高度、道路的宽窄等，都可直接通过属性表实时调节模型的各项参数。最终，三维校园模型效果图如图 5-46 所示。

图 5-46　场景构建效果图

小贴士

①CGA 规则语句必须由英文字符或数字组成，不能带有中文字符，中文的字符、标点符号只能出现在英文的双引号或注释里，否则程序不能运行且报错。

②所引用的函数参数值要处于可选值范围内。每个函数对应的参数值都有一定的取值范围，因此所引用的函数值需要与可选值一致，程序才能识别调用进行相应的操作，当引用的函数值不存在或不一致时，程序会自动报错。

③函数内引入的属性需在规则开始前进行定义。规则中所引用的属性需要在规则的开头进行定义，程序才能正确地将属性引入运算，对于未定义的属性，程序不能识别，将自动报错。

职业能力训练

训练一　CityEngine 软件

一、实训目的

①认识 CityEngine 软件平台；

②能进行 CityEngine 软件的安装。

二、实训内容

①打开 CityEngine 软件安装包，进行软件安装；

②对 CityEngine 软件进行授权使用；

③打开软件界面，了解基础工作界面。

训练二　CityEngine 软件工具操作

一、实训目的

①熟悉 CityEngine 的工作界面；

②掌握 CityEngine 中基础工具的操作方法；

③能在 CityEngine 中进行矢量地块的创建和 3D 视窗中各视图的变换。

二、实训内容

①打开 CityEngine 软件，将鼠标放在工具栏中的每个图标上，查看该图标所代表的功能；

②单击 ⬡ 按钮，在 3D 视窗中画出一个长方形的矢量地块，并拉伸出一定高度；

③单击 3D 视窗中的 按钮，分别选择正视、俯视、透视等多种视角，查看模型在不同视角下的样式。

训练三 基础模型的创建

一、实训目的

①了解 CGA 规则的使用原理与方法；

②掌握简单 CGA 规则的编写；

③能根据建模需要，进行参数定义。

二、实训内容

①在 CityEngine 中新建项目文件，将该项目命名为"My City"；

②在项目文件目录下的"rules"文件夹下新建规则文件，命名为"rule1"并打开；

③在规则编辑器中输入以下规则：

```
attr height = 15
Lot -->
extrude(height)
color(0,1,1)
Building.
```

④在 3D 视窗中手动画一个矢量块，将规则拖拉至其上；

⑤从各个角度观察该规则所创建的模型。

思考与练习

1. 简述 CityEngine 中创建房屋模型的过程。

2. 简述 CityEngine 工作界面的组成。

3. 如何进行三维场景的生产？

4. 自己尝试创建一个基础的房屋模型并进行纹理贴图。

项目六　三维激光扫描技术三维建模

【项目概述】

　　三维激光扫描技术是 20 世纪 90 年代中期开始出现的一项高新技术，是一种新兴的测量手段，可以非接触、高精度、快速地采集目标物表面海量点云数据，工作场景不受限制，大大提高了工作效率，应用场景十分广阔，是测绘技术中的巨大飞跃。本项目首先介绍三维激光扫描技术的基本概念、设备分类、技术特点和应用领域；其次介绍激光扫描技术三维建模的工作原理和工作流程；最后通过典型案例，详细讲述三维激光扫描技术三维建模的方法和内容。

【学习目标】

　　1. 掌握三维激光扫描技术的含义和特点；

　　2. 熟悉三维激光扫描设备的分类和技术应用领域；

　　3. 掌握激光扫描技术三维建模的工作原理和工作流程；

　　4. 能利用激光扫描技术进行三维模型的建立。

任务 6-1　三维激光扫描技术

一、三维激光扫描技术简介

(一) 初识三维激光扫描技术

　　三维激光扫描技术是用三维激光扫描仪获取目标物表面各点的空间坐标，然后由获取的测量数据构造出目标物的三维模型的一种全自动测量技术。

　　三维激光扫描技术又称为"实景复制技术"。三维激光扫描技术的诞生，为快速获取物体表面空间数据信息提供了一种新的技术手段。

　　三维激光扫描技术克服了传统测量技术的局限，可在忽略白天黑夜光线差别的全天候下，采样非接触式主动测量完成对任意形状物体的表面扫描，快速将目标物形状信息转换成高精度三维表面数据。它扫描速度快、实时性强、精度高、主动性强，还能采集到目标物的颜色、反射率和对光的吸收特性等信息。通过计算机处理后，能在电脑中将物体还原成真实的可视化和精确的可量测模型，大大地降低了测量的成本，节约时间，而且使用方便。

　　三维激光扫描技术工作流程如图 6-1 所示。

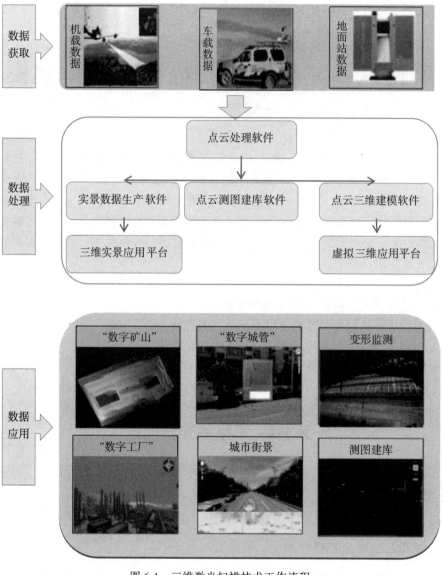

图 6-1　三维激光扫描技术工作流程

(二) 获取数据类型

三维激光扫描仪一般能同时获取全景影像和激光点云数据两种数字产品。

三维激光点云是物体表面的高精度三维坐标，通过点云直接可以获取地物坐标及特征信息，具有密度大、精度高、数据量大等特点，但没有纹理和颜色信息，表现不直观，点云的这些特点导致单纯地利用点云难以对地物进行判读、分类、测量，因此制约着点云的应用。

全景影像数据具有形象的纹理和颜色信息，可以作为三维激光点云数据的纹理补充。将点云与全景影像数据进行配准，融合两者信息，通过三维激光点云可以找到对应影像像素，进行点云着色，反之以全景影像作为展现载体，通过像素坐标可以找到对应的三维激光点云，从而进行地物量测，使两种数据产品拥有统一的坐标系统，相互空间关联，一起可称为影像点云数据。基于这种数据可以开发出一种以全景影像为前台表现，以点云为后台支撑的全新数字测图与建模软件，可直接利用全景影像进行地物判读采集、测量、建模，直接进行三维纹理映射等，大大提高了成果生产可视化的效果，便于判读。

二、三维激光扫描技术的特点

传统测量技术是一种单点测量，三维激光扫描技术可以采集目标物面状三维坐标点云数据。基于海量点云能够快速构建目标物的线、面和空间模型等多种测量数据。此外，三维激光扫描技术还有如下特点：

1. 非接触性

与传统测绘技术不同，三维激光扫描技术不需要架设目标棱镜，采集空间三维点云时无需接触目标物。基于这种特性，该技术广泛应用在危险测量工作、珍贵文物测绘等领域。

2. 快速性

快速地采集目标物表面点云数据，不同厂家的扫描仪扫描速度是不同的，测绘应用中的扫描仪每秒可采集数万以上点云，也可以设置仪器参数来改变采样频率。

3. 主动、实时和动态性

利用三维激光扫描仪器进行主动扫描，通过接收返回的激光脉冲来采集目标点云，并且在显示设备上数据可以实时、动态显示。

4. 高密度性

扫描仪能够高密度地采集目标物表面点云，采样间距可以根据需要设置，有些型号的仪器最小采用间距可达 0.1mm，并且点云均匀分布。

5. 高精度性

精密的传感器使扫描仪达到极高的测距精度和激光脉冲发射角精度，从而大大提高了测量的点位精度。测绘工作的中长距扫描仪可达毫米级，模具制造、医疗器材等领域的扫描仪甚至达到了亚毫米级。

6. 自动化和数字化

扫描仪可由计算机设置进行扫描，也可一键式扫描，自动化程度高。全数字化三维点云可以实时显示和查看，不同格式的点云之间可以进行转换，具有很强的兼容性和通用性。

7. 环境要求低

三维扫描仪一般都有防震动、防潮湿等功能，并且光线强度对仪器没有影响，在多种环境中，扫描仪可以持续工作。

三、应用领域

三维激光扫描技术是一种新兴的测量手段，相对于传统的测量方法，可以单次大面积采集不规则物体的三维表面数据，通过计算机建立高精度的三维结构模型，能够准确复原出扫描场景的原貌，且无需与物体进行接触，工作场景不受限制，大大提高了工作效率，应用场景十分广阔，可广泛应用于如地形测绘、安全监测、文物保护、建筑工程、移动导航定位等领域。

1. 地形测绘

地形测绘主要包括在大坝和电站基础地形测量，公路测绘，铁路测绘，河道测绘，桥梁、建筑物地基等测绘领域。根据不同的地形特点，合理布置扫描仪站点，根据站点的具体情况，设置好激光扫描角度、扫描速度以及扫描分辨率等参数，确保扫描数据精度。最后，利用软件将扫描数据统一在同一个坐标系中，实现各个站点数据的统一，保证数据的完整性，促进地形测量技术的革新。

2. 安全监测

安全监测主要应用在隧道的检测及变形监测、大坝的变形监测、建筑变形监测等领域。例如，在隧道安全监测领域，常规的隧道安全监测是通过接触式的测量技术对检测目标进行连续测量，观测其位移变化的情况。该方法具有工作量大、测量周期长，且受环境条件制约等缺点，并且仅能获取到局部测量数据，很难得到完整的对象情况。三维激光扫描技术实现了非接触式采集隧道表面的三维数据，能够完整地重建被测实体的三维数据。经过后期的数据处理能够构建完整的隧道三维模型，精确得到隧道中固定位置上的形变量，为判断隧道中某区段的收敛和变形情况提供了重要科学依据，从而保证隧道的安全。

3. 文物保护

在文物保护领域，由于文物的特殊性，不仅多数文物具有形状的不确定性，而且还存在一些不允许触碰等严格的要求，传统的测量方法精度较低，不能适应复杂的工作环境。三维激光扫描技术的兴起，令文物保护工作的可靠性和准确度得到提高。三维激光扫描技术可以快速、连续地扫描不可移动文物本体，且在扫描过程中无需触碰文物表面，扫描面积大，极大地提高了工作效率，给文物数据采集工作带来极大便利，同时对文物起到重要的保护作用。

4. 建筑工程

在建筑工程领域，竣工阶段对于整个工程的各项检测工作是质量评估中的最重要的安全关卡，需要通过精确测量，才能对建筑工程项目进行全面、细致的综合评定。三维激光扫描技术应用到竣工检测中，具有快速、准确、测量范围广等特点，极大地节省人力、物力，从而保证了建筑项目工程的安全。

5. 移动导航定位

在移动机器人定位导航领域，通过将激光扫描技术和地磁传感器技术相结合，可实时、准确地实现机器人室内定位，甚至可规划出最佳的前行路线。通过使用激光扫描技术完成对室内环境的数据获取，拟合出室内地图，并可以根据具体需求来合理设计机器人行走的最佳路线。在机器人移动行程中，可以连续获取不同时刻机器人所处室内的位置，结合地磁传感器获取机器人行走的方向，可以对路径偏差及时进行纠正。

任务 6-2　三维激光扫描系统

一、系统组成

三维激光扫描系统由三维激光扫描仪、数码相机、后处理软件、电源以及附属设备构成。图 6-2 为地面三维激光扫描系统组成。

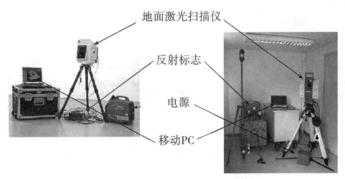

图 6-2　地面三维激光扫描系统组成

(一) 三维激光扫描仪

三维激光扫描仪是指通过发射激光来扫描获取被测物体表面三维坐标和反射光强度的仪器。

随着三维激光扫描技术研究领域的不断扩大，生产扫描仪的商家也越来越多，主要的有瑞士的 Leica 公司，美国的 FARO 公司和 3D DIGITAL 公司、奥地利的 RIEGL 公司、加拿大的 OpTech 公司、法国的 MENSI 公司，中国的北京天拓、中海达等。这些扫描仪在扫描距离、扫描精度、点间距和数量、光斑点的大小等指标上有所不同。图 6-3 为目前市场上几种三维激光扫描仪产品图。

(二) 后处理软件

使用扫描仪采集点云后，并不能直接建立三维模型，还需对点云进行数据处理后才能获得高质量点云，进而构建高精度数字三维模型。研发企业不仅开发了成熟的硬软件产品，也研发了相应的数据处理软件和建模软件等后处理软件，如 Cyclone、FARO Scene、Trimble Realworks、Riscan Pro、Geomagic、HD 3LS Scene、HD PtCloud Modeling 等。虽然每个厂商生产的三维激光扫描仪都配备了相应的预处理软件，但是兼容性不强，并且预处理软件的功能有限，并不能完全胜任模型重建和纹理贴图等工作。由于点云预处理和模型重建比较复杂，因此其所涉及软件也比较多。

1. 专业点云处理软件

不同品牌扫描仪配备的预处理软件不同，如 Riegl 系列的扫描仪配备了 Riscan Pro 软

图 6-3 目前市场上几种三维激光扫描仪产品

件,用于扫描参数设置、数据交换、点云拼接和去噪、模型重建(效果较差,不常用)。Faro 系列扫描仪的处理软件 FAROScene,主要用于点云拼接和点云的导入导出。下面主要介绍中海达的三维激光点云处理软件(HD 3LS Scene)。

(1)软件介绍

HD 3LS Scene 软件是业内领先的专业点云处理平台软件,本软件产品提供了多测站自动拼接、点云分类提取、3D 地形模型生成、地物提取测量等多种三维激光点云专业处理与分析功能,支持处理机载、车载、船载、便携式、地面站等各类三维激光扫描系统采集的海量点云数据,软件提供的功能可广泛适用于地形测绘、矿山体土方测量、形变监测等不同领域。图 6-4 为 HD 3LS Scene 软件界面图。

图 6-4 HD 3LS Scene 软件界面图

（2）主要功能

①支持 TB 级海量点云可视化浏览，提供丰富多样的点云渲染及视图浏览方式。图6-5为多种渲染方式示意图。

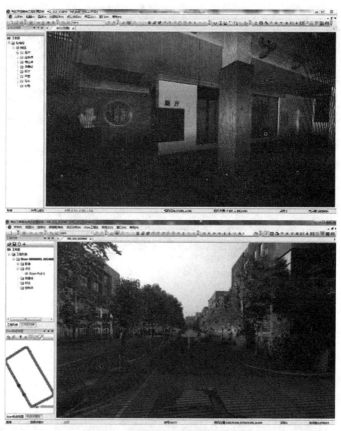

图 6-5　多种渲染方式示意图

②支持无靶球、有靶球的多种自动拼接模式，能与影像高精度配准融合。图 6-6 为多种拼接方式示意图。

图 6-6　多种拼接方式示意图

③强大灵活的点云选择编辑功能，对点云数据进行高效编辑选择，提取兴趣区域点云。图 6-7 为点云编辑示意图。

图 6-7 点云编辑示意图

④提供点云手动分类，半自动、自动分类功能，方便点云的后续提取加工应用处理。图 6-8 为点云自动分类示意图。

图 6-8 点云自动分类示意图

⑤支持自动生成 DEM/TIN 三维模型数据，并支持模型浏览、渲染、量测及方量计算等分析功能。图 6-9 为自动生成 DEM/TIN 示意图。

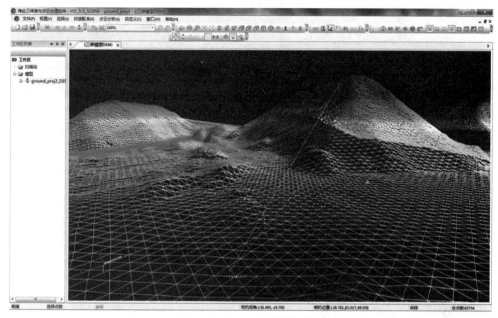

图 6-9　自动生成 DEM/TIN 示意图

⑥支持联合 AutoCAD 软件，基于三维激光点云数据进行矢量数据的快速采集。图 6-10 为联合 AutoCAD 快速采集矢量数据示意图。

图 6-10　联合 AutoCAD 快速采集矢量数据示意图

⑦支持地面、车载、船载、机载点云无缝集成，满足基于三维激光点云的应用扩展需求。图 6-11 和图 6-12 为地面、车载、船载、机载点云无缝集成示意图。

图 6-11 地面、车载、船载、机载点云无缝集成示意图 1

图 6-12 地面、车载、船载、机载点云无缝集成示意图 2

⑧支持插件式扩展定制二次开发，满足专业化应用扩展需求。图 6-13 为插件式二次开发示意图。

2. 专业点云三维建模软件

（1）软件介绍

中海达点云三维建模软件（HD PtCloud Modeling）是基于 AutoCAD 平台研发的一款专业点云三维建模软件，本软件支持基于三维激光点云数据，通过提供的多种手工、半自动

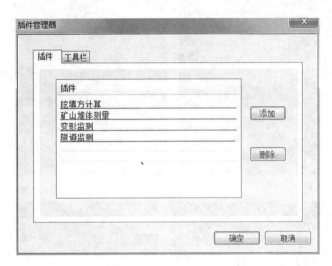

图 6- 13　插件式二次开发示意图

化、自动化辅助建模功能，帮助用户精确、快捷地构建各类三维模型成果，并最终实现室内或城市三维景观建模和成果导出。图 6-14 为 HD PtCloud Modeling 软件界面图。

图 6-14　三维建模软件界面图

（2）主要功能

①支持多种点云渲染模式及多种数据视图浏览模式。图 6-15 为多种渲染方式示意图。

(a)真彩色显示

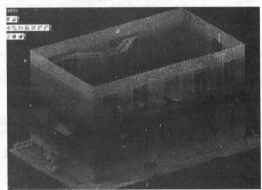

(b)Z 值渲染

(c)强度渲染

(d)循环渲染

图 6-15 多种渲染方式示意图

②提供多种点云编辑、裁切处理功能,支持任意视图单切片、多重切片处理及截面管理。图 6-16 为多种切片方式示意图。

(a)点云单切片效果

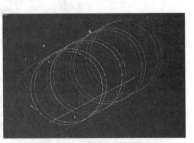

(b)点云多重切片效果

图 6-16 多种切片方式示意图

③提供点云自动拟合面、线、圆柱、圆柱弯头等功能,提高建模作业自动化效率。图 6-17 为多种拟合方式示意图。

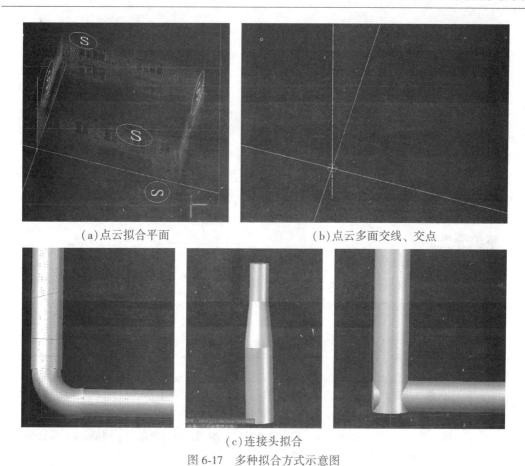

(a)点云拟合平面   (b)点云多面交线、交点

(c)连接头拟合

图 6-17   多种拟合方式示意图

④支持第三方建模软件的数据接口，提供建模成果的导入导出。图 6-18 为建模成果示意图。

图 6-18   基于影像点云三维模型构建

3. 通用点云三维建模软件

常见的建模软件有 3ds Max、AutoCAD、Geomagic Studio、Point Cloud、Revit 等，在规则模型建模中，我们常会用到 3ds Max 建模，本书主要介绍 3ds Max 在点云建模中的应用。

①将采集到的点云数据的原始格式转换成 AUTODESK 软件可以利用的 rcs 文件，转换工具就是 recap 或者 recap 360；

②转换完成之后，在 3ds Max 中实体建模工具下找到点云工具，加载点云，然后会有一个管理点云数据的 BOX，这个 BOX 用来显示和隐藏点云数据，方便对遮挡比较严重的地方进行正确建模。接下来就是在不同显示界面内建模。

二、系统分类

三维激光扫描系统可按照承载平台、扫描距离、扫描现场、扫描方式和测距原理等分类标准进行分类，不同分类标准的分类结果也不相同，具体见表 6-1。

表 6-1   **三维激光扫描系统分类**

划分指标	仪 器 类 型			
搭载平台	机载三维激光扫描系统	车载三维激光扫描系统	地面三维激光扫描系统	便携式三维激光扫描系统
扫描距离	远程，最远距离 300m	中程，最远距离 100m	短程，最远距离 10~25m	超短程，最远距离 10m 以内
扫描现场	矩形扫描系统	环形扫描系统		穹形扫描系统
扫描方式	线扫描系统		面扫描系统	
测距原理	脉冲飞行时间差测距	相位差测距		三角测量原理

(一) 按搭载仪器平台分类

激光扫描测量的方式根据其搭载仪器平台的不同，可分为采用飞机、飞艇为扫描平台的机载激光扫描测量系统，采用汽车等地面实时移动设施为平台的车载激光扫描测量系统，在地面控制定点扫描的地面激光扫描测量系统，以及背包、手持等便携式三维激光扫描系统。

1. 机载三维激光扫描系统

机载三维激光扫描系统是一种以飞机、飞艇等航空飞行器为载体，搭载三维激光扫描仪、高分辨率数码相机等传感器，结合全球定位系统(GPS)、惯性导航系统(INS)、陀螺仪等定位定姿设备，主动对地测量的光机电一体化集成系统。它通过飞行平台上的激光雷达传感器对地面目标物发射激光脉冲，经目标物反射后被激光扫描系统接收，从而实现自动快速海量地获取地面地物高精度三维空间数据。机载激光扫描测量系统当前主要应用于三维城市建模、地形测量、工程测量、数字高程模型、数字表面模型、正射影像图等需获取物体空间信息的领域，具有广阔的发展前景。机载激光三维扫描测量技术具有自动化程度高、受天气影响小、数据生产周期短、空间精度高等特点，是目前较先进的实时获取地形表面三维空间信息的航空测量技术。

机载三维激光扫描系统又称机载激光雷达（light detection and ranging，LiDAR），通过主动采集地物的三维空间点云数据，在重建城市地物三维场景模型的精细度和完整性上有独特优势。它的工作不像传统光电测距一样需要反光镜，而是通过机载传感器自行发出必需的激光，并自动采集记录激光碰到目标物表面后的散射信息，以完成空间三维信息采集的过程。机载激光扫描测量系统对地发射的主动激光波长一般为 1040～1060nm，它能识别和采集到肉眼能看到的电磁波，也能穿透如玻璃和清水之类的透明物体。因此，在一些测绘困难地区、地物密集区、森林地区，以及夜间、阴天等特殊情况下，采用机载激光扫描测量系统会得到较高效率和准确的结果。

2. 车载三维激光扫描系统

车载三维激光扫描系统是把激光扫描、定位定姿、计算储存等设备装载在汽车、火车、船舶等地面移动平台上，采集平台移动轨迹周边的地形地物空间三维信息的系统，目前多用汽车作为载体平台。一般情况下，汽车激光扫描测量系统的传感器部分集成安装在汽车顶部高起的可调整支架上，采用高强度结构保证传感器与导航设备间的相对姿态和位置稳定不变，使传感器有更宽的周边空间视角，也可以根据需要调整激光传感器发射接收部件、数码相机、GPS 天线、INS 的整体姿态及位置，以得到更宽阔的采集空间和方位。同时，在支架与汽车的连接上采用高效的避震装置，减小车辆在行驶过程中的震动对传感器接收数据质量和精度的影响，提高数据采集的精度。车载激光扫描测量系统目前主要用在对道路、河流两侧地形地物三维空间及属性信息的采集和测量上。

车载三维激光扫描系统通常用于城区的测量，以快速实现城市的三维模型重建，通过获取街道两侧地物（如道路、建筑物等）的几何结构、空间位置和纹理，结合模型重建的相关算法和各种规则，完成三维模型的建立和纹理贴图，生产城市真三维模型数据。当前在三维城市建模、地形数字测图、道路测量、部件普查等领域得到了广泛的应用。

3. 地面三维激光扫描系统

地面三维激光扫描系统的定义是为了区别于其他移动平台激光扫描测量系统而命名的，它把激光扫描测量系统直接架设在地面固定点上，并在固定点（测站点）上完成待测目标物空间三维信息的获取，地面激光扫描测量系统因不需要在移动中实现目标物空间三维信息的获取，因此在一般情况下不需要同时集成 GPS 和 INS 等实时定姿定位设备，甚至不需要计算机实时自动控制子系统，减少了设备成本和数据协同的复杂性，相对来说更简单，也更容易操作，并且积体更小。地面三维激光扫描系统具有可移动载体平台类激光扫描测量系统共有的数据获取速度快，外业操作简单、精度高、不受阳光的限制、现场工作时间少等优点，还具有作业方式灵活、受地域影响小、测量作业方便、能有效避开障碍物和遮挡物、室内外和地上下一次性测量完整等优点。

4. 便携式三维激光扫描系统

便携式三维激光扫描系统是在保证数据获取能力的前提下减小设备的体积和重量，使单人能容易移动整套系统，用人行手持作为地面激光扫描测量系统的移动平台，以能更方便、灵活、快速地采集机载、车载扫描平台无法获取区域的数据。

该系统可单兵背负，也可用自行车、三轮车等载体搭载。在载体移动过程中，快速获取高精度定位定姿数据、高密度三维点云和高清连续全景影像数据，通过系统配套的数据加工和应用软件，为用户提供快速、机动、灵活的移动测量解决方案/地理信息数据生产手段，广泛应用于三维"数字城市"、街景地图服务、城管部件普查、矿山三维测量等领域。

(二) 按扫描距离分类

三维激光扫描系统按照三维激光扫描仪的有效扫描距离进行分类，可分为：

1. 短距离激光扫描系统

短距离激光扫描系统其最长扫描距离不超过 3m，一般最佳扫描距离为 0.6~1.2m，通常这类扫描仪适合用于小型模具的量测，不仅扫描速度快且精度较高，可以多达三十万个点，精度至±0.018mm。例如，手持式三维数据扫描仪 FastScan 等，都属于这类扫描仪。

2. 中距离激光扫描系统

中距离激光扫描系统最长扫描距离小于 30m 的三维激光扫描仪属于中距离三维激光扫描仪，其多用于大型模具或室内空间的测量。

3. 长距离激光扫描系统

扫描距离大于 30m 的三维激光扫描仪属于长距离三维激光扫描仪，其主要应用于建筑物、矿山、大坝、大型土木工程等的测量。例如：奥地利 Riegl 公司出品的 LMS Z420i 三维激光扫描仪和加拿大 Cyra 技术有限责任公司出品的 Cyrax 2500 激光扫描仪等，均属于这类扫描仪。

4. 航空激光扫描系统

航空激光扫描系统最长扫描距离通常大于 1km，并且需要配备精确的导航定位系统，其可用于大范围地形的扫描测量。

三、工作原理

三维激光扫描系统采用的是现代高精度传感技术，通过高速激光扫描测量的方法，可以大面积高精度地快速获取被测物体表面的海量点云三维数据。其中，地面三维激光扫描技术的研究，已经成为测绘领域中一个新的研究热点。它采用非接触式高速激光测量的方式，能够获取复杂物体的几何图形数据和影像数据，最终由后处理数据的软件对采集的点云数据和影像数据进行处理，并转换成绝对坐标系中的空间位置坐标或模型，能以多种不同的格式输出，满足空间信息数据库的数据源和不同项目的需要。图 6-19 为地面三维激光扫描系统的工作原理。

三维激光扫描仪发射器发出一个激光脉冲信号，经物体表面漫反射后，沿几乎相同的路径反向传回到接收器，可以计算日标点 P 与扫描仪距离 S，控制编码器同步测量每个激光脉冲横向扫描角度观测值 α 和纵向扫描角度观测值 β。三维激光扫描测量一般为仪器自定义坐标系。X 轴在横向扫描面内，Y 轴在横向扫描面内与 X 轴垂直，Z 轴与横向扫描面垂直，获得 P 的坐标，如图 6-20 所示。

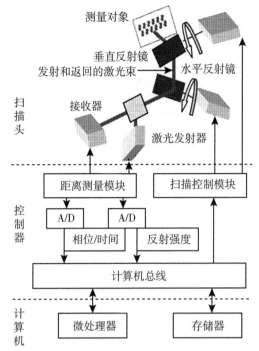

图 6-19 地面三维激光扫描系统的基本工作原理

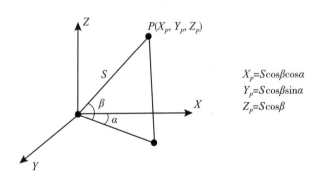

图 6-20 扫描点坐标计算原理

四、作业流程

地面三维激光扫描系统的三维建模作业流程如图 6-21 所示。

1. 数据获取

通过三维激光扫描仪获取原始点云和全景影像数据，将输出的点云和全景影像数据以工程化的方式管理。

2. 原始点云预处理

对原始点云进行拼接、去噪、分类、滤波处理等，输出预处理后的点云数据。

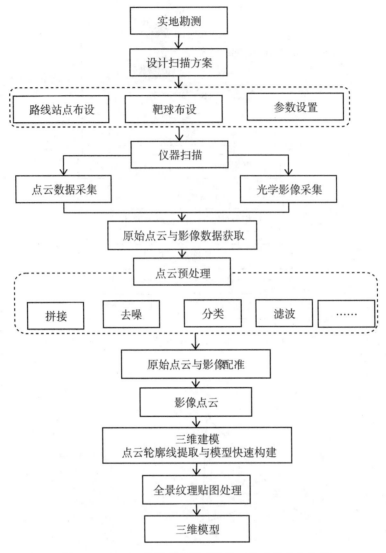

图 6-21　地面三维激光扫描系统的三维建模作业流程

3. 点云与全景配准

将三维点云和全景影像关联并自动配准映射，输出影像点云数据。

4. 基于影像点云的数字成图

①以点云渲染(按照 Z 值、反射强度、地物分类等)方式，进行地物要素判读。通过自定义符号库，进行点、线、面状地物要素采集。

②以全景影像方式进行地物要素判读，利用影像点云，直接在全景影像上进行地形图测绘采集。

5. 基于影像点云的三维建模

(1)勾画轮廓线，构建模型

在三维点云俯视图上，利用点云切面，快速勾画建筑物水平截面的轮廓线，自动利用点云计算建筑物高度将轮廓进行拉伸,构建建筑物模型。

(2)全景纹理贴图

对于构建好的建筑物模型,支持通过与全景影像融合进行纹理提取,在三维模型中显示与其对应的贴图纹理。

(3)其他三维地物采集

道路面、立杆行道树批量三维建模处理。

任务 6-3 三维激光扫描技术建模典型案例

一、三维激光扫描技术在智慧交通中应用

三维激光扫描技术提供交通要素快速高效的采集、处理技术手段,提供全要素综合交通信息化智慧管理系统。实现三维实景可视化资产管理平台/资产普查平台,以及基于高精度测绘技术的道路改扩建、大修中修、竣工验收等工程测量应用。同时,还可以为高精度道路三维建模、交通 BIM-GIS 应用、高精度自动导航(无人驾驶)等诸多交通应用提供强大的数据和技术支持。

1. 方案框架

三维激光全景移动测量是近年兴起的一种快速、高效、非接触式的测绘技术,其在机动车上装配 GPS(全球定位系统)、全景相机、三维激光扫描仪、定位定姿惯性导航系统等传感器和设备,在车辆高速行进之中,快速采集道路及两旁地物的高清影像及激光点云,并根据各种应用需要进行各种要素,特别是道路两旁要素的任意时刻的按需测量,包括道路中心线或边线位置坐标、目标地物的位置坐标、路(车道)宽、桥(隧道)高、交通标志、道路设施等。

2. 数据采集

外业数据采集是现实基础,在外业数据采集上,将严格按照项目要求的数据采集规范进行。外业数据信息采集一般需先按照项目的采集要求制订采集方案,方案中将明确采集的数据精度、数据内容、类型等信息,并规范整个采集的流程。图 6-22 为外业数据采集流程和外业成果。

外业采集包括车载激光移动测量系统采集、背包激光系统采集和外业调绘补采,对于可通车街道两旁数据,主要利用车载激光移动测量系统进行外业数据采集;对于人行辅道、人行隧道、涵洞等车辆无法行驶到的道路区域,以及一些单点全景站点及特殊位置,则需要采用人工补采的方式进行相应数据采集。

3. 数据生产

内业处理主要包括原始数据预处理、道路标示标牌等数据提取、实景三维数据生产,以及属性数据调绘填充,如图 6-23 所示。

(1)原始数据预处理

原始数据预处理主要通过数据预处理软件(HD Scene)将 HiScan-S 获取的原始数据进行融合解算处理、输出带坐标的点云以及和点云配准了的全景影像(影像点云)。

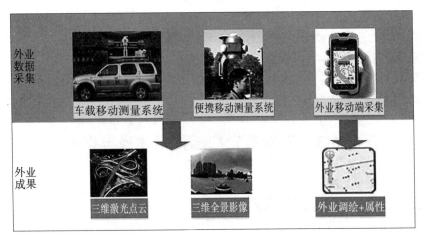

图 6-22 外业数据采集流程和外业成果图

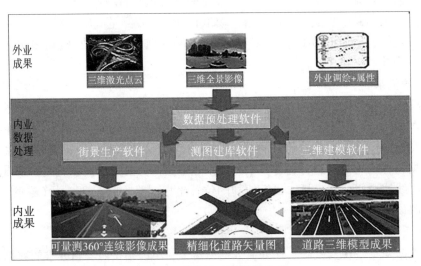

图 6-23 数据处理和数据生产

（2）数据提取

根据点云配准了的全景影像中间成果数据，通过点云数字测图软件（HD ptCloud Vector for Arcgis）将道路边线、道路中间线、标示标牌等交通道路要素数据空间信息提取出来，输出得到二维矢量图数据。

（3）实景三维数据生产

实景三维数据生产主要通过三维实景数据生产软件（HD ptCloud StreetView）进行线路轨迹编辑、三维面片提取、隐私处理、全景切片等，并将处理后的成果数据存入三维实景影像库。

（4）属性数据调绘填充

对于提取得到的二维矢量图数据，由于有的属性是可以从点云与影像数据中提取到的，例如标示牌高度等，但也存在很多特殊属性是外业调绘不到的，例如道路建设单位、建设时间等。因此需要进行相应的内业道路档案查询，在 ArcGIS 中将相应的属性信息填充输入到属性字段中，形成完整的二维矢量图与属性库。另外，需要对二维矢量图进行检查工作和局部修正。

4. 功能应用

(1)可视化综合应用服务平台

可视化综合应用服务平台界面如图 6-24 所示。

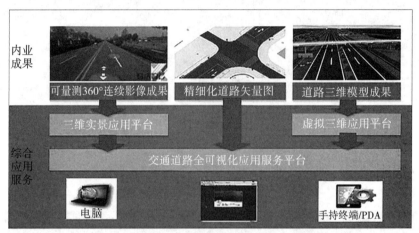

图 6-24　可视化综合应用服务平台

(2)交通资产要素管理

交通资产要素管理界面如图 6-25 所示。

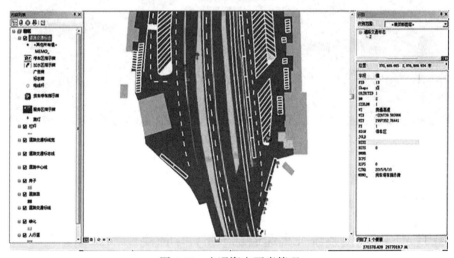

图 6-25　交通资产要素管理

(3)道路竣工验收及改扩建

道路竣工验收及改扩建界面如图 6-26 所示。

图 6-26　道路竣工验收及改扩建

（4）交通障碍物监测

交通障碍物监测界面如图 6-27 所示。

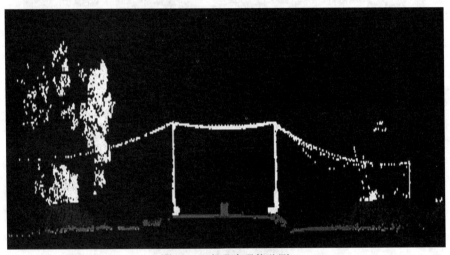

图 6-27　交通障碍物监测

（5）三维可视化交通疏导管理

三维可视化交通疏导管理界面如图 6-28 所示。

二、车载激光扫描测量系统在高速道路改扩建中应用

传统的高速道路基础信息数据的采集，依靠人工在道路现场手动量测和记录，需要大量人工现场数据采集和后续的数据整理，费时费力。车载激光扫描系统增强了数据采集能力，增大了采集范围，提高了现场数据获取的效率，以全方位视角直接快速获取高精度、高密度、超高分辨率的场景三维空间信息和反射强度信息，满足了空间信息获取和表达的

图 6-28　三维可视化交通疏导管理

需要，克服了传统测量技术的局限性，在公路改扩建领域显现出极大的技术优势，并引发了一场新的技术革命。

1. 测区任务规划

任务规划是针对每个测区的数据采集前期准备工作(以天为单位)，成功的任务规划是顺利获取满足质量要求数据的保证。在任务规划阶段，主要包括采集前期准备、采集参数设置与基站布设方案等，如图 6-29 所示。

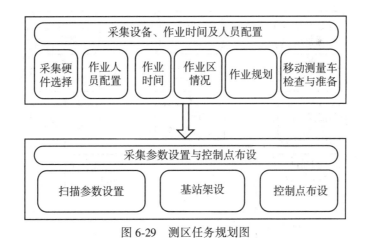

图 6-29　测区任务规划图

2. 外业数据采集

首先在高速公路沿线设置基站，作业时，移动测量车的行驶速度不能低于最低速度限制。为了保证匝道数据与主道数据的完整性，还需采用特定的采集方法保证数据的完整性。图 6-30 为外业数据采集流程。

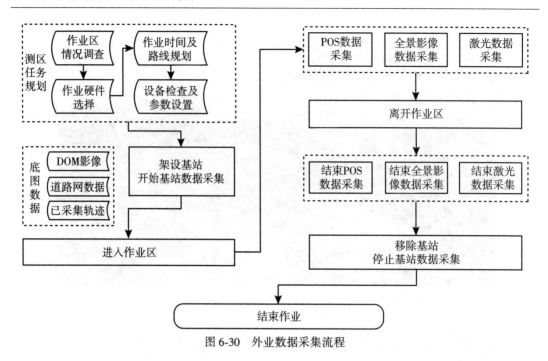

图 6-30　外业数据采集流程

3. 数据内业预处理

数据内业预处理主要包括 POS 数据处理、车载激光点云解算、全景拼接以及点云全景配准，生成具有三维地理空间坐标的激光点云和全景影像，为后期的高速公路改扩建应用提供数据基础。图 6-31 为数据内业处理流程。

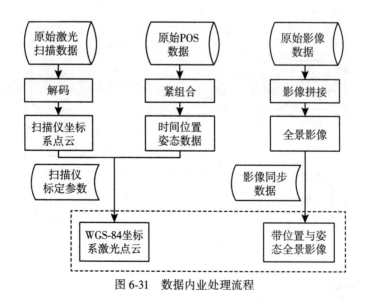

图 6-31　数据内业处理流程

4. 点云解算

将车载三维激光扫描系统中的激光测量结果和位姿数据融合得到地物的大地坐标，进而得到完整的点云数据。图 6-32 为完整的点云数据。

图 6-32　完整的点云数据

5. 道路线提取

通过分类、抽稀处理后的激光点云，可直接提取道路的断面以及道路的边线、车道、中央隔离带、硬路肩边缘等信息。图 6-33 为道路线提取。

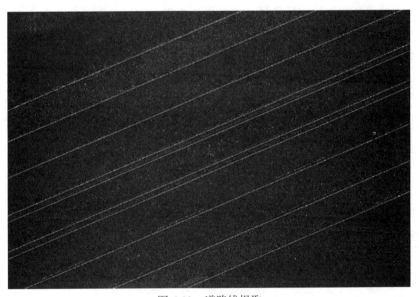

图 6-33　道路线提取

6. 路面点提取

结合拟合的中桩，按要求在点云上进行路面点的提取，路面点一般包括高速公路中边缘路面点、行车道左右侧路面点、行车道中心路面点、硬路肩右侧路面点等路面特征点，并提供以上路面特征点的坐标和高程。

职业能力训练

训练一 三维激光扫描系统外业操作

一、实训目的

①熟悉三维激光扫描系统的组成和使用方法；

②了解三维激光扫描系统的主要外业操作流程；

③能对常用的三维激光扫描系统进行外业操作；

④能获取点云数据并进行数据输出。

二、实训内容

①地面三维激光扫描系统外业操作；

②便携式三维激光扫描系统外业操作。

训练二 三维激光扫描点云数据内业处理

一、实训目的

①掌握三维激光扫描系统后处理软件的基本操作方法；

②了解三维激光扫描系统后处理软件的操作流程；

③能进行三维激光扫描点云数据内业处理。

二、实训内容

①原始点云数据输入；

②原始点云预处理，对原始点云进行拼接、去噪、分类、滤波处理等；

③输出预处理后的点云数据。

训练三 三维模型建立

一、实训目的

①掌握三维激光扫描系统数据建模软件的基本操作方法；

②了解三维激光扫描系统数据建模软件的操作流程；

③能利用建模软件进行点云数据的三维建模。

二、实训内容

①云数据快速建模；

②三维模型纹理贴图；

③三维模型制作。

思考与练习

1. 简述三维激光扫描技术的含义和特点。

2. 举例说明，三维激光扫描技术是如何实现三维建模的？

3. 三维激光扫描系统是如何进行分类的？

4. 简述三维激光扫描系统的工作原理和工作流程。

参 考 文 献

[1]宁振伟，等.数字城市三维建模技术与实践[M].北京：测绘出版社，2013.

[2]邓宁，等.3ds Max 三维制作实例教程[M].北京：电子工业出版社，2016.

[3]唐茜，等.3ds Max 2018 从入门到精通[M].北京：中国铁道出版社，2018.

[4]牟乃夏，等.CityEngine 城市三维建模[M].北京：测绘出版社，2016.

[5]牟乃夏，等.ArcGIS 10 地理信息系统教程[M].北京：测绘出版社，2012.

[6]谢宏全，等.地面三维激光扫描技术与应用[M].武汉：武汉大学出版社，2014.

[7]程效军，等.海量点云数据处理理论与技术[M].上海：同济大学出版社，2014.

[8]刘帅，等.GIS 三维建模方法[M].北京：中国科学技术出版社，2016.

[9]国家标准化委员会.三维地理信息模型数据产品规范(CH/T 9015—2012)[M].北京：
中国标准出版社，2012.

[10]国家测绘地理信息局.三维地理信息模型数据库规范(CH/T 9017—2012)[M].北
京：测绘出版社，2013.

[11]国家测绘地理信息局.三维地理信息模型数据产品质量检查与验收(CH/T 9024—
2014)[M].北京：测绘出版社，2015.